儒家义利观逻辑演变的唯物史观阐析

王木林◎著

经济日报 出版社

图书在版编目（CIP）数据

儒家义利观逻辑演变的唯物史观阐析／王木林著
. —北京：经济日报出版社，2022.9
ISBN 978-7-5196-1182-8

Ⅰ.①儒… Ⅱ.①王… Ⅲ.①儒家—义利观—研究②
历史唯物主义—研究 Ⅳ.①B222.05②B82③B03

中国版本图书馆 CIP 数据核字（2022）第 160351 号

儒家义利观逻辑演变的唯物史观阐析

著　　者	王木林
责任编辑	门　睿
责任校对	刘　芬
出版发行	经济日报出版社
地　　址	北京市西城区白纸坊东街 2 号 A 座综合楼 710（邮政编码：100054）
电　　话	010-63567684（总编室）
	010-63584556（财经编辑部）
	010-63567687（企业与企业家史编辑部）
	010-63567683（经济与管理学术编辑部）
	010-63538621　63567692（发行部）
网　　址	www. edpbook. com. cn
E－mail	edpbook@ 126. com
经　　销	全国新华书店
印　　刷	三河市龙大印装有限公司
开　　本	710×1000 毫米　1/16
印　　张	13
字　　数	170 千字
版　　次	2022 年 9 月第一版
印　　次	2022 年 9 月第一次印刷
书　　号	ISBN 978-7-5196-1182-8
定　　价	52.00 元

赣南师范大学学术著作出版专项经费资助项目

▎目 录▎

导论

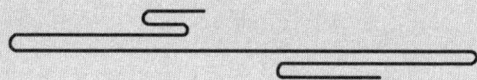

中华民族悠久的历史，就是绵延不绝的中国传统文化不断创造、不断生成与不断发展的历史。数千年的中国古代传统义利之辨，从伦理道德领域发展到现实生活的其他领域，也深刻地塑造着传统文化这一特征。所谓"义"是适宜、恰当的意思，也就是人们在思想和行动中遵循的合理的行为标准及意识。"义者，宜也"①，"义，人之正路也"②，说明"义"作为道德原则的普遍性和超越性。"利"原指使用农具从事农业生产以及采集果实或者收割成熟的庄稼，后来引申为利益、功利之意。③ 从内涵来看，"义"和"利"都属于伦理道德的范畴，"义"是人的立身之本，是人之为人的应然之则；体现在外部客体上的欲望与追求，使自己的物质需要现实化，这种关系就是"利"。义与利作为对人类活动的目的、方式和结果的描述及认识，反映了人类对精神价值和物质价值的追求，构成了义利观的基本内容。它包括两个方面：一是道德准则与

　　① 孟轲.大学·中庸［M］.高山译注.北京：中国文联出版社，2016：107.
　　② 孟轲.孟子［M］.弘丰译注.北京：中国文联出版社，2016：154.
　　③ 郭沫若.郭沫若全集［M］.北京：科学出版社，1982：88.

物质利益关系问题（义利关系），即"义"与"利"孰先孰后、孰轻孰重；二是个人利益与整体利益关系问题（公私价值观），即是个人利益服从整体利益，还是整体利益服从个人利益。在儒家思想中，"义"主要指一定社会的道德原则，"利"一般是指个人的私利。① 义利观与一个国家的民族文化有着深厚的渊源，是联结社会政治、经济关系以及伦理思想观念的桥梁。义利问题和义利关系是古往今来中外许多伦理学家、经济学家、政治学家都共同关注并有兴趣的课题，可以从多学科层面予以观照把握。它本质上属于一个伦理学问题，但是由于伦理道德本身的渗透性和社会影响而与经济、政治、文化发生了最为密切的关系，融入并作用了社会的物质和精神生活。在中国传统文化中占主导地位的儒家义利观，也应该从社会生产方式以及经济结构、政治结构、文化结构的变化发展中去探寻和理解。义利观属于上层建筑中的社会意识形态范畴，受到经济基础的制约。在义利关系问题上，不同时期的人们曾经也各自的主张，并形成了不同的义利观。它们在某个特定时期的命运及其变化，都有其历史轨迹可循。义利观根源于社会基本矛盾，主要是受生产关系的制约。因此，只有在社会发展过程中才能理解义利问题的产生和解决，才能理解不同时代义利观的区别和演变。唯物史观认为，社会变迁取决于社会基本矛盾的发展，生产关系的变化反映在阶级关系上就是不同阶级之间的利益矛盾和冲突。儒家义利观与封建自然经济相适应，是大一统封建专制主义在经济伦理上的价值取向和原则。近代中国虽然开启了传统义利观转型的序幕，但

---

① 罗国杰. 中国伦理思想史：上卷 [M]. 北京：中国人民大学出版社，2008：7.

由于种种原因，这个转型是不彻底的，特别是近代中国社会性质和基本矛盾，决定了传统义利观的转型只是初步的。改革开放以来，处在社会主义初级阶段的中国迈入市场经济时期，如何吸收、融合与市场经济体制相适应的伦理原则，批判、继承和改造传统儒家义利观，确立和形成社会主义新型义利观，成为中国学术界亟待解决的现实问题。

一、研究对象和研究思路

中国传统义利观植根于中国古代特定的社会环境，是在中国历史上逐步形成的关于社会道德现象的系统化、理论化的思想，体现了中国古代先贤独到的道德智慧和思想境界。义利观是历史形成、发展和演变的，全面深刻认识义利问题，应当坚持义利观与历史观的统一。唯物史观认为："物质生活的生产方式制约着整个社会生活、政治生活和精神生活的过程。不是人们的意识决定人们的存在，相反，是人们的社会存在决定人们的意识。"[1] 生产关系要适应生产力发展的状况，是社会历史发展的最一般、最深层的规律。随着生产力的发展，人类历史上出现了不同的生产关系和社会制度。义利观属于社会意识形态的范畴，要与一定的生产力发展水平和社会制度相适应，受到社会经济政治状况的制约。人们在一定历史环境中的特殊生活条件，会造就互不相同的具体利益，并由此产生各

---

① 中共中央马克思恩格斯列宁斯大林著作编译局. 马克思恩格斯文集：第 2 卷 ［M］. 北京：人民出版社，2009：591.

种各样的价值目标。在义利关系上，人们曾经持有不同的主张，并形成各自的义利观，它们在某个特定时期的命运及其变化，都有其历史轨迹可循。中国传统义利观的演变，是由中国古代社会基本矛盾的发展状况以及由此产生的各阶级的利益冲突决定的。古代社会基本矛盾的发展状况也是儒家义利观演变的主要原因，儒家义利观的逻辑演变经历了提出与形成、确立与完善、深化与成熟、反思与突破四个阶段，分别按照重义轻利、贵义贱利、尚义反利、重义尚利的义利思想逻辑演变。从历史事实来看，儒家义利观的这四次演变恰恰是中国社会发展史上的重大转折变革时期，即春秋战国时期、秦汉隋唐时期、宋至明中叶和明末清初时期。义利观是经济伦理的核心范畴之一，在生产、分配、交换、消费等领域中存在的问题，归根到底是如何处理义利关系问题，一定社会的道德风尚或道德状况总是首先借助于人们对义利问题的认识和对待而展现出来的。义利观以其特有的统摄包容性和辩证内在机理，突显出道德哲学深刻的意蕴内涵，同时关涉个体的身心发展和社会进步，还具有经济哲学、政治哲学、文化哲学和人生哲学等多学科的丰厚意义。义利观作为对人类活动目的、方式和结果的表现、描述及认识，反映了人类对精神价值和物质利益的不懈追求。义利观作为一种伦理道德学说源远流长，贯穿中国古代伦理思想史，经历了春秋、战国、秦汉、隋唐、两宋、明清等发展阶段，其中先秦和宋明时期是"义利之辨"的论辩高峰。春秋战国时期的义利观构成"百家争鸣"的重要内容，儒、墨、道、法等各派的义利思想异彩纷呈，其中先秦儒家义利观对后世的影响最大，意义深远，此后形成了两汉、隋唐、宋明、明清之际的儒家义利观。历史的长河时而浪涛汹涌，时而静水细流，中国是四大文明古国之一，历史悠久，绵延至今。在社会和文化发展上，儒家义利观一如既往地受到人们的密切关注，贯穿于中国社会发展的全过程、展现在中国社会发展的各个方面，经过持续地积累沉淀，内化为人们认识、改造主客观世界的深层意识，对中华民族基本精神和中国传统文化思想的形成产生过深刻影响。

二、研究现状及研究综述

义利问题是中国传统伦理价值观的核心问题，也是古往今来人们一直讨论的重大理论问题和研究课题。国内外关于儒家义利观演变的研究从多个视角展开，并具有一定的深度。

张岱年在《中国哲学大纲》第四篇中的"义与利"章节和《中国伦理思想研究》第七章的"义利之辨与理欲之辨"，对义利问题作了详细阐述。他对义利问题的阐述是将义利之辨纳入整个伦理思想史研究之中，即借助对义利问题的研究来阐述整个伦理思想的生成和发展，在论述伦理思想方法的同时，对儒家义利观进行了论述，这种相互激荡、互为补充的关系，既宏大叙事，又相互论证，值得颂扬。冯友兰的《中国哲学史》，从中国哲学思想和理论的高度以及各学派的相互关系阐述了中国传统义利观，将义利问题以时间和哲学家为主线全面展开，将哲学史与哲学家融为一体。钱穆的《中国思想史》、任继愈的《中国哲学史》、侯外庐的《中国思想通史》等都是运用这一方法进行阐述义利观的。汪洁的《中国传统经济伦理研究》阐述了中国传统经济伦理思想的变迁；蔡元培的《中国伦理学史》、罗国杰的《中国伦理思想史》、朱贻庭的《中国传统伦理思想史》、郭齐勇的《中国儒学之精神》、沈善洪和王凤贤的《中国伦理思想史》系统阐述了中国伦理思想形成的社会历史背景、基本内容、基本特点和研究方法，从而详细阐述了义利问题。黄俊杰的《孟学思想史论》中的"义利之辨及其思想史的定位"，就是在研究孟子哲学思想的背景下提出的，将儒家义利观与孟子的仁政思想、性善论、生命观和群己观联系起来进行研究，将儒家的义利思想纳入整个哲学思想体系进行考察，通过孟子哲学思想的研究而展开对儒家义利观的阐述。就是说，将儒家义利观融入孟子哲学思想的具体研究之中，对孟子哲学思想的具体问题与其他论题的相互联系进行全面探讨。从孔子哲学思想到孟子哲学思想，再到荀子哲学思想的阐述，层层递进，以点带面，将儒家义利观理论前提和思想依据展现出来，为更加详尽地研究儒家义利观提供了一种新的方法和视角。还有牟宗三的《心体与性体》、徐复观的《中国人性论史》、胡寄窗的《先秦儒家的经济思想》、赵纪彬的《孔墨显学对立的阶级和逻辑意义》等著作和论文属于此种方法论述义利思想，就是分别从学术问题出发引出对儒家义利观的阐述。万俊人的《道德之维——现代经济伦理导论》、章海山的《经济伦理论——马克思主义经济伦理思想研究》、余达淮的《马克思经济伦理思想研究》、徐强的《马克思主义经济伦理思想研究》、吴兵的《马克思经济伦理思想及其当代价值》从唯物史观的角度阐述了马克思主义经济伦理思想的形成和发展，并对义利问题进行了研究。这种研究方法的论文和著作都比较多，在此就不一一列举了。

葛荣晋在《中国哲学范畴通论》中指出，中国哲学不同于西方哲学，具有一套独特的哲学范畴体系，引出对义利问题的阐析，将义利当作中国哲学的一对特色范畴。他认为，义利包括两层含义，即动机与效果的关系、道德行为与物质利益的关系，并将义利之辨分为义利对立、义利合一和义利兼顾三派，以孔孟为代表的儒家正统学派始终在中国古代占统治地位，“贵义贱利”是其主流思想。此外，国内外也有将义利作为价值范畴进行研究的方法，就是从价值论的视角对义利问题进行研究。赵馥洁的《中国传统哲学价值论》、王中江主编的《中国观念史》都是运用这种研究方法对儒家义利观作出解析。王泽应在《义利之辨与社会主义义利观》中对义利之辨过时论的观点进行了批评，认为义利之辨是中国自古以来非常重视的伦理思维活动，并探讨了义利之辨与社会主义义利观的相互关系。刘舸在《义与利的本质和目前我国义利观建设的根本原则》中指出，义利问题应该放在具体时空中探讨，而不能停留在抽象理论层面论述。罗国杰的《论新时期的义利观》指出了在社会主义市场经济条件下义利观的正确性体现在国家利益、集体利益和个人利益的统一，个人权利与义务的统一。在《义利之间——中国传统文化中的义利观之演变》（张传开、汪传发）和《义利观研究》（吕世荣、刘象彬、肖永成）中，作者根据马克思主义理论进行具体分析，揭示了中国传统义利观的基本特点及其演变规律。王泽应的《义利观与经济伦理》和《义利并重与义利统一——社会主义义利观研究》、黄亮宜的《社会主义义利观——面向 21 世纪的价值选择》论述了传统义利观的发展演变，阐析了社会主义义利观的形成机制、科学内涵、遵循原则和价值导向。

此外，宋希仁主编的《西方伦理思想史》、万俊人的《现代西方伦理学史》、乔洪武的《正谊谋利——近代西方经济伦理思想研究》、徐大建的《西方经济伦理思想史》较详尽介绍了西方伦理思想的历史渊源、发展进程及现代理论形态；魏悦的《转型期中国市场经济伦理的建构——中西方义利思想演进之比较研究》、郝云的《利益理论比较研究》主要通过中外义利思想、利益理论的比较论述了以经济利益关系为主体的义利关系和义利问题；王伟光的《利益论》就利益范畴的历史、理论和现实进行了系统而全面的阐述；谭培文的《马克思主义的利益理论——当代历史唯物主义的重构》、刘湘顺的《马克思利益关系理论在当代中国的发展》从利益关系方面对利益问题进行了系统阐析。国外略有关于儒家价值观的研究，但未检索到关于儒家义利观发展演变的研究成果。

这些研究成果不仅开辟了义利观研究的先河，为后续研究提供了大量可资借鉴的素材，而且确定了一些基本的研究思路和方法，为义利观的逻辑演变研究奠定了坚实的基础。但限于视角、观点、资料、论证方式等原因，已有的成果尚存某些不足，特别是从唯物史观视角解读儒家义利观逻辑演变的研究成果欠缺，现有儒家义利观的著作大多属于断代性、个案性研究，系统而全面的研究还不够，有关儒家义利观的论述多见于思想史、经济学、社会学等学科的研究成果中，从唯物史观视角进行探索和创新的论著数量有限（通过文献检索，很少看到有从唯物史观视角解读儒家义利观逻辑演变的文献资料）。上述存在的问题，正是本课题选题所要解决的主要问题和创新之处。

本课题试图从唯物史观的视角出发，在中国传统义利之辨基础上，探究儒家义利观从萌芽、形成、发展、兴盛再到转型的各个历史时期的逻辑演变，以揭示儒家义利观的唯物史观特质，为建构适合于中国特色社会主义的道德体系提供参考资源和借鉴。本课题从三大方面展开论述：其一，梳理剖析儒家义利观的逻辑演变，以期加深对儒家义利观实质的认识和理解；其二，从唯物史观视角分析儒家义利观的历史发展逻辑，揭示其中所蕴含的唯物史观理论特征，从而为社会主义市场经济健康有序发展提供学术参考；其三，深入阐述儒家主要代表人物的义利思想，为儒家义利观的创造性转化和创新性发展提供思想基础。这三个方面相互影响、相辅相成，共同构成一个有机整体。

三、研究意义和研究方法

义利观作为经济伦理观念的重要组成部分，对社会稳定和经济发展都具有重要作用和影响。为此，将考察置于历史发展和理论转化的背景下，把握义利观的特质与发展前景，特别是在未来学术研究和社会发展中的价值与意义就显得非常必要了。唯物史观认为，社会存在的性质和变化决定社会意识的性质和变化，而儒家各个时期义利观的逻辑演变，就是当时社会生产方式和经济、政治、文化的集中体现。在伦理思想上，"一切以往的道德论归根到底都是当时的社会经济状况的产物。"① 本课题从唯物史观视角解读儒家义利观的逻辑演变，对于形成社会主义新型义利观、推进社会主义现代化建设具有非常重要的理论意义和实践价值。随着改革的日益深入和社会的发展，人们开始对儒家重义轻利的传统观念进行反思，"利"的价值和作用越来越受到重视。对"重义"的反思，是通过"扬利"的路径实现的，这又容易导致重利轻义现象的发生。在现实社会中，源于义利关系失衡的道德失范现象时有发生，社会中出现的只讲私利而无视道义、唯利是图和见利忘义等现象就是明证。可以说，人们已经由重义轻利的片面走向了重利轻义的片面。为此，在市场经济条件下，我们必须构建社会主义新型义利观，即义利辩证统一观。

由于研究对象具有综合性的特点，较之现行经济学浓厚的数理分析倾向有很大差异，因此逻辑与历史统一方法、史论结合方法、比较分析方法、文献研究方法是本课题的基本方法。本课题力求在跨学科分析的基础上，为哲学与社会科学方法论研究提供唯物史观的视角与框架。本课题主要采用以下研究方法：

（一）历史与逻辑相统一方法

研究儒家义利观首先必须有历史的观点，还历史以本来面目，不提高或贬低古人，尤其是不使古人现代化。其次要有历史感，即

---

① 中共中央马克思恩格斯列宁斯大林著作编译局. 马克思恩格斯文集：第9卷 [M]. 北京：人民出版社，2009：99.

要注意特定的思想所产生的历史背景，包括社会历史根源和思想根源。再次，要避免义利思想的罗列，就必须运用历史与逻辑相统一的方法。马克思认为，历史的起点也就是逻辑发展的起点，历史的发展与逻辑的发展并不完全一致，逻辑的发展是历史发展的本质。因此，我们应当在哲学发展的历史长河中，运用科学的方法，找到它们内在的、必然的逻辑联系，以便从纷繁复杂的思想现象中总结出其本质和共同发展的一般规律。

（二）史论结合方法

儒家义利观的演变是一门关于伦理思想史的学问，必须忠于历史，不能以今人的思想取代古人的思想，但在研究的指导思想、方法乃至材料的取舍上，都受研究者本人思想的影响。史论关系是伦理思想研究中必须注意的一个重要的方法论问题，历史上曾出现过两种错误倾向，即以史代论和以论代史，前者是一种客观主义，只是罗列一些历史现象；后者是一种实用主义，它只是挑选一些历史材料去说明现成的结论，为了这一目的甚至不惜断章取义，歪曲篡改。我们认为正确的方法是史论结合，即以论带史，论从史出。这就是以一定的理论为指导，去分析、研究历史上的思想资料，从而总结出一般性的结论、本质性的规律，加深和丰富我们的理论思维宝库。

（三）比较分析方法

本课题采用比较分析的研究方法，将儒家义利观置于纵向的时光演变比较中，以期深刻揭示儒家义利观逻辑演变与唯物史观的辩证关系，展现儒家义利观逻辑演变的唯物史观意蕴。

（四）文献研究法

儒家义利观演变的研究必须查阅参考大量的文献资料，本文所依据的文献主要有传统文献和理论界的相关研究成果，运用文献资料对儒家义利观进行分析和阐释。

四、研究特点及创新之处

第一，从唯物史观视角阐释儒家义利观的逻辑演变，是本课题的主要创新之处。在创新过程中，本课题遵循以马克思主义为指导，从儒家义利观中吸取养分，立足于传统经济观念与现代化问题的研究，着力推进儒家义利观的创造性转化和创新性发展，构建和弘扬社会主义义利辩证统一观。

第二，儒家义利观是具有综合性特征的学术研究领域，把唯物史观、经济伦理思想与不同时期的社会历史背景联系起来，这意味着本课题选择了社会历史分析方法。关注社会历史背景，加强经济思想与道德哲学的协调融合，这一独特视角也构成本课题的创新点之一。

第三，本课题以儒家义利观的历史逻辑发展为线索，以儒家义利观不同发展阶段为专题展开论述，改变了单纯按历史时期或思想家阐述的方法，力求在论述方法上作出新的尝试。

第一章

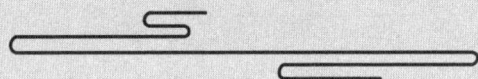

先秦时期儒家重义轻利观

在几千年的中国社会和文化发展史上，义利观自始至终受到人们的密切关注，并引发其对社会伦理价值导向和个人人生价值目标确立与选择的深入思考。人类具有的对于道德生活的自觉意识，即道德伦理思想，是在进入文明社会之后才产生的。随着社会的发展，西周时期开始出现了宗法性质的道德规范和伦理思想，这标志着中国伦理思想的正式产生。义利之辨是中华民族文化特征及历史个性的表现与确证，它根源于华夏先民们对共同生活的道德研究和考察，在以华夏文明为主干的民族大融合的过程中孕育萌生。为了寻求新的更有生命力的价值观念，也为了解答现实生活中提出的道德难题，儒家义利之辨由此兴起进而贯穿了中国古代历史和文化发展的全过程。儒家的重义轻利观在春秋时期正式提出，初步形成于战国时期，之后经历了贵义贱利、尚义反利、重义尚利的发展演变。从儒家义利观的发展演变来看，重"义"是一贯的，而"利"则发生变化，并有公利与私利、民利与君利之分。所以，我们可以将儒家义利观简要概述为"重义轻利"。

第一节　重义轻利观与百家争鸣

儒家学派以孔孟思想为轴心，是春秋后期逐渐形成的一大学派，在中国封建时代统治了两千多年之久。中国作为具有灿烂文化传统的东方礼义之邦，在"义利""理欲"等伦理思想上的贡献极为丰富。春秋末期，随着奴隶制社会逐步向封建制社会过渡，由于"礼崩乐坏"而造成社会动乱不安和纷繁复杂的伦理关系，儒学思想家纷纷著书立说，提出各自不同的伦理思想和义利观。儒家重义轻利，把义利之分看作评价个人道德境界高低的标准，强调道德的重要性，轻视"利"的作用①。

一、先秦诸子百家的义利之辨

义利之辨是社会历史发展到一定阶段的产物。"周礼"作为习惯统治仪制，是将以祭神为核心的原始礼仪加以改造而成，并使之系统化的一整套宗法等级制度。"周礼"是以血缘家长制为基础并以分封、世袭等体制作为其延伸和扩展，这也是剩余劳动产品在统治阶级内部按照等级分配的重要依据。由此可见，"周礼"体现了一定时期社会经济条件下不同等级之间的义利关系。在当时，周公

---

① 罗国杰. 中国伦理思想史：上卷［M］. 北京：中国人民大学出版，2008：7.

并未明确提出义利问题，但他已经把自己的义利思想通过"礼制"的方式反映出来了，这也是儒家义利观的最初萌芽。在对历史变迁和社会现实的反思中，周人开始提出了明确的义、利概念，形成了义利观念，承认"利"在社会生活与个人生活中的地位，尤其强调"义"的优先性。一方面，在事实角度，周人认识到，"利"对于社会生活、个人生活，都是须臾不可相离的；另一方面，在价值意义、价值标准与价值导向上，周人高度地强调"义"对利的至上性、优先性。在中国伦理思想史上，最初开展义利之辨的是晏婴的"幅利"论，他认为个人都有追求财富的欲望，但是无休止地聚敛财富就必然引起争夺，从而招来灾祸乃至危亡。为了避免这种结果，就要对个人追求财富的做法行为进行规范约束，使其在规定的范围和限度之内，让利于民，做到"正德幅利"。周礼中蕴含的义利思想以及晏婴的义利观，成为孔子义利思想的重要养分，并在此基础上形成了孔子、孟子、荀子的义利观。周人的义利思想虽然提出了一些重大命题，对后代产生了重大而深远的影响，但是在逻辑形式上、理论形态上，相对而言，还是零散的、朴素的、不系统的。义利概念固然提出来了，但缺乏严密的逻辑规定；对义利问题进行了一些理论探讨，但没有形成严密而完整的理论体系。尽管如此，义利概念的初步提出，对先秦义利观的发生而言，至少有两点原创性的贡献：义利概念的明确提出和对义利问题的正面讨论。为此，义利观从无到有，也就标志着——中国传统义利观的正式发生。

春秋时期的义利之辨，在形式上是道义与功利之辨，而实质上是公私利益之辨，它为诸子学派价值观的形成提供了丰富的思想资源。随着春秋以来社会历史条件的变革，到了战国时期已形成轰轰烈烈、规模壮观的义利之辨。儒墨道法几大家的代表人物面对因社会变革所引起的道义与利益的尖锐矛盾既忧心忡忡，又奔走救世，竞相注视于伦理价值领域，把义利问题的探讨置于首要地位，提出了颇具特色的义利观，以此来匡扶社稷与人心。孔孟儒家主张一种有益于社会理性实现的和谐秩序和道德人格，提出了重义轻利的伦理价值观。墨家则主张"兴天下之利，除天下之害"，把贵义与重利结合起来。法家主张变法图强，肯定人们谋利行为的正当性。道家主张义利俱轻，排斥一切人为，向往一种超然世外、不为功名利禄所动的隐士生活。儒墨道法四大家的义利观代表着不同的阶级和阶层，既有相互排斥和否定的一面，又有相互渗透和融合的一面，在差别中相互补充发展。

春秋战国时期的义利之辨，规模宏大、雄伟壮观，在我国历史上添上了浓墨重彩的一笔，诸子百家着眼于救世治国的总目标，畅所欲言，各抒己见，反复批驳，丰富多彩，其中既有交锋又有融合，既有批判又有吸收。这一时期的义利之辨，覆盖面宽，涉及面广，涵韵深厚，有从发展生产、繁荣经济的角度立意，有从治国安邦、稳定社会的角度立意，有从立身处世、待人接物的人生哲学而谈，更有从价值导向和伦理原则的意义上而论；有抽象意义上的义利之辨，也有具体意义上的义利之辨；有道德发生学意义上的义利之辨，也有道德原则学意义上的义利之辨。先秦诸子所进行的义利之辨，不仅有作为意识形态的道德与作为经济关系集中表现的物质利益之间的关系的阐述，有个人道德行为动机与客观行为效果之间的关系的讨论，而且有作为社会道义化身的整体利益与代表个体生存发展要求的个人利益之间关系的探讨；不仅有利国与利民、利己与利人关系的分析，而且有涉及个人实践中的理性与情欲、节俭和奢侈等问题的阐发。所以说，先秦诸子各家各派的义利观既各有所长又各有所短，通过辩论而达到取长补短，相互融通。但是，在当时特定的社会历史条件下，适应着变法图强和天下统一的形势需要，法家的义利观获得了长足的发展和独尊的地位，后经秦始皇焚书坑儒，使儒家义利观受到严重批判和摧残，墨家与道家也未能幸免。法家从人性自私利己的倾向剖析出发，得出君主必须利用人们喜利畏罪的心理来加强统治的结论，用严刑峻法来管教臣民，迫使臣民为自己效劳，用去私为公的准则制约臣民的行为，以使国君的利益获得至上的地位和极大的满足。法家义利观忽视庶民百姓利益的正当性，具有把利国与利民对立起来、把法律与道德对立起来的片面性，总体而言不利于统治阶级建立长治久安的政治统治，正因为如此也决定了它必然要被更为合理的价值观所取代。春秋战国时期的义利之辨提出了人们在社会中生存发展的价值导向，以及个人立身处世的价值目标等问题。有的问题的探讨虽然没有展开和深入进行，但毕竟显示出了中国古代人们较为发达的价值觉醒和价值意识，揭开了中国古代伦理思想史和人生哲学史上的光辉灿烂的一页。这个时期的义利之辨，无论就内容或形式而言都对秦汉以后的义利之辨有着深远的影响。

二、重义轻利观的内涵

先秦儒家的义利思想是中国传统文化的重要内容，其重义轻利、舍生取义的精神品质，是中华民族道德文化生成、延续的精神纽带。① 自举世闻名的东方思想家孔子提出"君子喻于义，小人喻于利"的义利关系原则以后，义利观受到历代思想家的关注。孔子最早系统论述义利问题，提出了"义以为上""见利思义"的义利观。孟子继承了孔子的思想，在"义"的范畴和义利关系等方面有所拓展，更加张扬"义"的崇高价值，主张"惟义所在"，一切以"义"为标准，如义与利相冲突时，则"怀义去利"；义与生相冲突时，则"舍生取义"。荀子在综合前人思想的基础上，对义利问题作了细致而深刻的分析，主张"先义后利""以义制利"，从而初步形成了儒家义利观，并成为其后两千年义利思想的主流。汪洁指出，荀子发展了孔孟"重义轻利"的思想，对义利关系作了较有成效的探讨。②

（一）孔子的义以为上观

春秋末期产生了礼治和法治之争。礼治或法治并不仅仅是统治方法的问题，它涉及社会制度的性质。"礼"在上古时代是统治者的特权，"刑不上大夫，礼不下庶人"，实质上，"礼"是对社会上层等级特权的规定，而平民奴隶则被排斥于"礼"所规定的权利和

---

① 杨义芹. 先秦儒家义利思想论析 [J]. 齐鲁学刊, 2009 (1)：16.
② 汪洁. 中国传统经济伦理研究 [M]. 南京：江苏人民出版社, 2005：39.

责任之外，而"法"则不允许上层等级为所欲为，它对社会各阶级阶层的权利和责任有明确的规定，统治者也不能随意解释和歪曲，所以，礼法之争即守旧与革新的斗争，在这一场斗争中，孔子的态度是守旧的。孔子思想的核心是"仁"还是"礼"，这个问题学术界也争论了几十年，一直没有结论。它涉及对孔子的定性与评价问题，"仁"服从"礼"，则是守旧的，"礼"服从"仁"，则有革新的意义。应该说，孔子思想的核心是"仁"，他用"仁"改造了"礼"的内涵，所以，一方面，孔子具有革新的一面，不是鼓吹复辟倒退；另一方面，他又不愿放弃被现实否定了的形式，而希望用"仁"予以改造，使之获得新生，故又反映了他思想上保守的一面。孔子在奴隶社会趋于瓦解之际，提出以爱人为核心的"仁"作为最高哲学范畴，并用它来改造"礼"，实际上是顺应了历史发展的潮流。在奴隶社会中，奴隶主可以任意宰割、买卖奴隶，奴隶只是会说话的工具，根本不被当人看。孔子要求统治者有仁爱之心，虽然并不是要平等地爱一切人，但至少承认了奴隶有起码的做人的权利和尊严。另外，我们要反对抽象的人类之爱，因为它是虚幻不实的。然而，世界不能没有爱，人类之间的友好和睦，相亲相爱永远是人类处理自身关系时应当遵循的重要原则。

随着社会历史主题的变化，人们对义利问题的思考与阐述呈现出显著的时代特征。义利观是孔子伦理思想的灵魂，是儒家对物质财富的基本态度。孔子生活在奴隶制迅速瓦解和封建制逐渐形成的社会转型期，这一时期他的理想制度正在解体。中国奴隶制社会衰败之后，各诸侯国与家臣之间开始了争夺地位和财富。此时道德失范，利欲恣肆。处在社会大变革之中的思想家们，自然要为变动中的社会建构规范体系和理论基础。孔子是当时最有影响的思想家，他毕生致力于构建和谐人际关系和道德规范体系。孔子"义以为上""先义后利""见利思义"的义利观很大程度上是针对春秋无义之战及其导致道德失范的社会现实而提出的。春秋末期，孔子创立了我国历史上第一个学派，即儒家学派。孔子把道德当作解决当时社会动荡和"礼崩乐坏"的重要手段和方法。孔子以"仁"为核心的学说，提出了一套"为仁由己"的修养方法，阐发了"八德"道德规范，从而建立起了一个以"仁"为中心的伦理道德体系。义利观是儒家的基本价值观，也是其伦理思想的重要组成部分，"义利之说，乃儒者第一义"①。在儒家中，最早阐述义利问题的是孔子，他提出了"义以为上"②的根本原则以及"义以为质"③的思想。孔子说："君子喻于义，小人喻于利。"④ 意指君子乃是由于他们重视"义"，小人乃是由于他们只重视"利"。《中庸》中"义者，宜也"的表述就表达了孔子的这个思想。义的内涵就是合宜、合乎道理的行动。而合宜、合乎道理的行动，则由表明它包含有主观符合客观的哲学意义。由此可见，从"义"的内涵上说，合宜、合乎道理是"义"的最本质的内容；从外延上说，合宜、合乎道理的行动，在社会的政治、经济、思想、道德等领域都是相适应的。

---

① 朱熹.朱子语类 [M].海口：海南出版社，1993：326.
② 孔子，孔子弟子.论语 [M].肖卫译注.北京：中国文联出版社，2016：304.
③ 孔子，孔子弟子.论语 [M].肖卫译注.北京：中国文联出版社，2016：262.
④ 孔子，孔子弟子.论语 [M].肖卫译注.北京：中国文联出版社，2016：49.

在义利关系上，孔子并不否定利，表现为轻利，在一定意义上还重视利。他认为求富取利之心，人所共有，但要"义然后取"①。孔子认为物质财富是满足人类生存发展的重要基础，也是社会延续所不可缺少的，追求物质财富具有一定的必然性，"富而可求，虽执鞭之士，吾亦为之"②。在肯定合理求利前提下，孔子反对无节制地追求财富，主张财富的获取不得违反"义"的标准。虽然孔子将物质财富与伦理规范联结起来，但这不是消极的限制。对于治国安邦的大利益，他还给予积极的支持和鼓励，并提出了"利民为义"的思想。孔子的义利观并不反对谋"利"，问题的关键在于求利的手段和目的是否正当，并且求利必须受到"义"的制约，正所谓"见利思义"③"义以为上"。为了强化"义"在物质财富获取中的规范作用，孔子将人们的行为规范具体化为社会尊卑贵贱的"礼"，认为"义"是"礼"的根据，"礼"是"义"的外在表现。在孔子的义利观中，他不仅从经济上讲"义"，而且从更大的层面上讲义与利的关系。他一生从事教育事业，认为学生只要努力学习，就可以高官厚禄，他自己也向往过富裕的生活。但是，在他的言论中，大量的是注重民利。这与他经常密切关注政治是紧紧相连的，他注重老百姓的利益，认为这是为政的首要任务。在教育和民利的关系上，他主张"先富后教"。孔子如此强调民利，其目的是国君的富足，用以巩固国君的统治，而在客观上也是有利于人民的。从认识史上说，涉及民利与君利、公利与私利、短期利益与长远利益

① 孔子，孔子弟子. 论语 [M]. 肖卫译注. 北京：中国文联出版社，2016：231.
② 孔子，孔子弟子. 论语 [M]. 肖卫译注. 北京：中国文联出版社，2016：95.
③ 孔子，孔子弟子. 论语 [M]. 肖卫译注. 北京：中国文联出版社，2016：230.

的关系，表明人们对"利"的认识在不断深化。

(二) 孟子的惟义所在观

孟子的"仁政"思想建立在"仁心"基础之上，他以仁义为最高的道德原则。孟子说："亲亲，仁也；敬长，义也。"[①] 这就是说，仁义是与宗法血缘制度相适应的宗法道德原则。"仁"是子女对父母的亲爱之情，"义"是幼弟对兄长的尊敬之情，它们根源于血缘关系。同时，仁义又是基本的道德原则。孟子说："仁，人心也；义，人路也。舍其路而弗由，放其心而不知求，哀哉！"[②] 仁是人的本心、实质；义是人们行为所由遵循的道路。仁义不仅是血缘亲情，还是人们社会生活的基本道德原则。仁义作为一种最高之德，还是人们应当追求的最高道德境界。孟子认为仁义是人追求的最高理想，是人立于天地间的根本之所在。由此，孟子进而将仁义当作治国的根本原则，表现的是德性主义的思想。在他看来，如果人人讲"利"，人人追求"利"，就必然导致国与国争、家与家争、人与人争，最后天下大乱。相反，如果人人讲仁义，人人追求仁义，那么，国与国之间、家与家之间、人与人之间就会相亲相爱，社会就会呈现出井然、和睦的秩序。孟子强调，仁义道德是内在的心理，而不是外在于人的某种客观原则。其一，仁义礼智我故有之。孟子认为，仁义礼智是人们天生具有的内在的道德心理，恻隐同情之心表现为"仁"，羞耻之心表现为"义"，恭敬辞让表现为"礼"，而对理性的追求则表现为"智"，它们都不是与人相异的观

---

① 孟轲. 孟子 [M]. 弘丰译注. 北京：中国文联出版社，2016：308.
② 孟轲. 孟子 [M]. 弘丰译注. 北京：中国文联出版社，2016：261.

念，不是后天的灌输、植入，而是先天的存有、自然的性赋。因此说，君子所性，仁义礼智根于心，无论飞黄腾达之时，还是穷困潦倒之时，心中固有的仁义礼智并不随之增加或减少。其二，仁义道德是人们共同的心理，或者说，是人心的共同本质。他认为，心的共同性就是道德"理义"的观点是不对的。孟子在这里所做的是错误的类推，人的感官对客体有共同的感受，是因为它们有着共同的生理构造，所以心的共同性也只能从共同生理构造去考察，即它能够认识"理义"，而不能说"理义"即心的共同性。实质上，"理义"作为社会意识，是社会存在的反映，不同的人由于各种各样的原因，面对同一对象时也会有不同的感受，有不同的认识，不可能有什么抽象共同的"理义"。当然，如果说有，那么有的只是人们向善的可能性。①

　　孟子曾经公开宣称，他是孔子学说的继承人，他的义利观自然也是孔子义利观的继承和发展。孟子继承了孔子"仁义"的思想，发展成"仁政"学说，主张"仁政"，推行"王道"，实质上旨在增强君主专制统治。后人又将孔子与孟子的思想结合起来，合称"孔孟之道"。道义与利益，是一个长期争论且恒久而常新的话题，尤其是公私利益之间的关系问题，在中国伦理思想史上备受关注。孟子根据战国时期社会历史状况，进一步阐述了孔子的义利观，发展了孔子"义以为上"的思想，他高扬道德理性的价值，对中国传统义利观的发展产生了极为重要的影响。孟子提出了颇具特色的义利思想，明确认为"义"是人的主观精神的产物，注重民利，反对

---

① 杨冬. 先秦儒家义利观研究 [M]. 北京：中国社会科学出版社，2019：65-69.

私利，重视"义"的人生观、价值观的意义。孟子是一位动机论者，他曾说："大人者，言不必信，行不必果，惟义所在。"① 孟子认为只要合乎"义"，则不必考虑行为的后果。

首先，孟子认为把追求"利"作为人与人交往的价值准则，就会造成"上下交征"的局面，最终导致社会失序混乱，这不利于社会的发展。孟子在阐明自己的义利观时，从不同的角度说明了逐利与求义的不同后果。他认为，人们应该将道义作为自身行为的准则和出发点。当社会道德和个人利益发生冲突时，孟子期望人们不假思索地选择道义，将道义作为第一且唯一选择。但是，孟子的重义轻利思想并非完全否定"利"，在一定条件和范围内还对"利"持肯定的态度。孟子一方面肯定个人欲望的存在和人们对利益的追求；另一方面，人们对利益的追求又必须在道义的指导下和一定范围内进行，即要符合道义，合理逐利，继承了孔子"义然后取"的义利思想。孟子认为，"非其有而取之，非义也。"② 因此，孟子弟子彭更对此感到困惑，怀疑他的生活是不是太奢侈了，他回答说："非其道，则一箪食不可受于人；如其道，则舜受尧之天下，不以为泰。"③ 所以，孟子承认利益的存在是有其合理性的，是以重"义"为前提，以"义"作为对利益取舍的标准的；其次，孟子认为在"救死而恐不赡"④ 的情况下，教导百姓重"义"是毫无意义的。有一定的资产收入，才能有一定的道德观念和价值取向，否

---

① 孟轲. 孟子 [M]. 弘丰译注. 北京：中国文联出版社，2016：181.
② 孟轲. 孟子 [M]. 弘丰译注. 北京：中国文联出版社，2016：324.
③ 孟轲. 孟子 [M]. 弘丰译注. 北京：中国文联出版社，2016：125.
④ 孟轲. 孟子 [M]. 弘丰译注. 北京：中国文联出版社，2016：15.

则，只能是"放辟邪侈，无不为已"①。因此，必要的物质条件是百姓接受教化、讲求道德的前提和基础，可见他继承了孔子"富而后教"的思想。孟子提出了恒产论，他认为人们拥有一定的私有财产是维护社会和谐稳定的必要条件，并从维护社会秩序的角度为私有制的形成和确立提供了借口。他的"恒产论"实质上是主张土地私有和小农经营的思想。他赞成的正是允许封建领主阶级将土地、房屋等财产分配给没有土地或土地很少的农民作为"恒产"，反对封建领主阶级大规模占有土地的现象。在为私有制辩护的同时，恒产论也为新发展起来的小农经济及独立手工业生产做辩护。孟子认为，实现社会的公利，就是最大的"义"。事实上，道义不仅是国家和社会公共利益的代表，也是促进社会公共利益实现的必要手段和途径，这也需要统治者和百姓都追求社会公利，最大限度地实现和保障个人利益。为此，孟子提倡道义和公利，反对个人私利，这种义利思想在当时社会具有积极意义。

在义利关系上，孟子指出"欲贵者，人之同心也"②。孟子认为按照人的本性，欲求富贵是合理的。孟子更加张扬"义"的崇高价值，对于"利"的取舍，仍然要以"义"为尺度。他认为，一切以"义"为标准，违背"义"的事情，即便"利"得天下也不干。一心求"利"是低贱的小人做的事情，不道义接受别人的馈赠就相当于自我出卖，因为君子绝不是金钱可以收买的。他认为做官仅仅是为了行"义"，即便有时穷得没办法，也必须坚守节操，行

---

① 孟轲. 孟子 [M]. 弘丰译注. 北京：中国文联出版社，2016：104.
② 孟轲. 孟子 [M]. 弘丰译注. 北京：中国文联出版社，2016：268.

为只出于人生固有的善性，不谋求任何外在功利。他高扬"居仁由义"的生活方式，因为"仁"是安身立命之所，"义"是成就人格之路，一旦处于极端化的情境中，面对义利冲突，则怀义去利；面对"义"和"生"的矛盾这种最尖锐最深刻的义利冲突，则"二者不可得兼，舍生而取义者也"①。孟子义利观的重点，不在于是否获"利"问题，而在于以何种方式获"利"，以及"义"与"利"何者具有优先性问题。孟子对义利关系的具体阐释，确立了儒家"重义轻利"的义利观，对后来的义利之辨、公私之辨、理欲之辨、王霸之辨等产生了重要影响。同时，孟子注重仁义道德对于自我意欲的调控，重视物质生活对于道德教化的作用具有一定的合理性，对于尚公重义的民族性格的形成和塑造也具有积极的意义。

（三）荀子的以义制利观

荀子广泛研究和批判了春秋战国时期的各家学说，吸收了其积极因素，创立了一整套的伦理思想体系，从而成为先秦儒家伦理思想的集大成者。可以说，义利观是荀子伦理思想的重要组成部分。荀子与孟子完全相反，他明确地把伦理观建立在"人性本恶"的基础上。他认为，人性本身不存在道德价值尺度，"善"的行为是人类理性自为的结果。每个人都想满足自己的物质欲望，但是社会现实中"欲多物少"，必然产生排他利己的倾向。在义利观上，荀子反对别义利为二，也反对合义利为一。荀子处理义利关系的基本原则是"以义制利"或以礼节欲，与孟子的"何必曰利"有所区别，但与孔子的"见利思义"基本一致。荀子的义利观在继承的基础上

①　孟轲.孟子［M］.弘丰译注.北京：中国文联出版社，2016：259.

有所突破，更具有时代性和现实性，他从人的自然本性出发剖析了人有谋求物质利益的欲望，肯定了"人生而有欲"①。荀子认为，利欲乃是人的自然本性，无论圣贤君子，还是平民百姓，都具有利欲之心，"好利恶害，是君子小人之所同也"②。荀子认为欲利之心属于人的本性，并赋予"利"适当的地位。但与孟子的"人性善"思想不同，他主张"人性恶"，人性恶的体现就是争、夺、贪、暴。为此，荀子提出用外在的"礼义"来约束和规范人的欲求，通过外在的学习来克服人性之恶。他与孟子的观点最终殊途同归，进一步弘扬了"义以为上"的思想和育人善行的远大抱负。荀子的义利观总体上倾向于尚"义"，同时也没有忽略"利"，对"利"给予了一定重视，既承认人有"欲利"的本能，又看到了人的"好义"本心，认为这二者都是人的基本需求，缺一不可，相互之间并不矛盾，两个特质和追求同时为人所具有。荀子的人性论认为，欲望是人与生俱来的，追求利益之心是每一个人的本能，人的利益和欲望不能根除，若剔除利欲之心，就等同消灭了自身，这是人性所固有的客观存在。荀子又指出，人虽有欲望，但必须将欲望控制于一定的范围，对利欲之心加以约束，这就是美德"义"，也是人的本质属性。他指出："人有气、有生、有知，亦且有义，故最为天下贵也。"③人与动物、草木的区别是人的心中有道德标准，知道事情是否可为，可以用道德规范欲望，使人成为世界上最高级的存在。然而，在现实生活中，人们会遇到纷繁复杂的社会情况，义利往往不

---

① 荀况. 荀子 [M]. 骆宾译注. 北京：中国文联出版社，2016：279.
② 荀况. 荀子 [M]. 骆宾译注. 北京：中国文联出版社，2016：38.
③ 荀况. 荀子 [M]. 骆宾译注. 北京：中国文联出版社，2016：115.

能两全，此时荀子主张要先义后利、以义制利。

在荀子那里，"礼"与"义"常常并提，正如"礼"必须加以遵循一样，"义"也不容偏离。在对"义"的界定上，荀子主张道德原则是一种游离于现实基础的先验原则。一方面，礼义可以确定度量界限，对物质财富进行合理分配，缓解甚至是消除各类纷争；另一方面，礼义可以调节个体之间的相互关系，凝聚社会合力。当然，无论是消除纷争，抑或是增强力量，都体现了功利的要求。荀子以此来解释"义"的产生，是在一定程度上肯定了功利作为"义"的基础。荀子认为，"兼顾义利"并不是否定"义"调节利益的功能。相反，如果离开"义"而片面求利，则会导致消极的后果。他指出，一旦撒开"义"而唯利是图，则"利"往往会适得其反。因此，在荀子那里，"义"是具有第一性，处于第一位的，"利"是第二位的，正如他所说，就是"重义轻利"[①]，"先利而后义"[②]。荀子的义利观基本倾向属于道义论范畴，在于他对道德价值的评价标准一直是"义"，而不是"利"。就"以义制利"来说，荀子并没有离开儒家的传统，但在其"以义制利"的重点，并不在于强调道德原则的至上性。荀子通过对先秦时期义利之辨的总结，注意到"义"的功利性与超功利性，在中国伦理思想发展史上无疑具有重要的理论意义。荀子的义利观与孔孟基本一致，总体上可归纳为"重义"，但是和孔子、孟子的义利观相比较来看，荀子义利观的侧重点有所不同，荀子强调"义利两有"，兼顾道义和利益，

---

① 荀况. 荀子［M］. 骆宾译注. 北京：中国文联出版社，2016：374.

② 荀况. 荀子［M］. 骆宾译注. 北京：中国文联出版社，2016：36.

打破了"义利两分"的偏见，把"义""利"都看作人的本质属性，并试图在两者之间找到一种平衡。

三、重义轻利观的基本特点

春秋战国时期，是儒家义利观的提出与形成时期。在这一时期，旧秩序和礼制一天天被破坏，"礼坏乐崩"，以下犯上，"上下交征利"，成了正当的行为，各诸侯国之间经常相互战争和相互兼并。所有这些，核心问题是争夺利益，在于扩大自己的土地、奴隶、农民和各种物质财富，即战争成了无义之战。在春秋时期，日常生活中的道德资源逐渐增多，义利思想得到了极大的发展，而在战国时期，各诸侯国经过激烈的斗争和兼并战争，最后秦灭六国、实现统一，结束了列国相争混乱的局面。生产关系的变革推动了生产力的发展，激发了人们的思想，促进了各种学派的出现和发展。与学术上的"百家争鸣"相适应，伦理学上的义利之辨在这一时期达到了一个新的高度，是历史上争辩的第一个高潮。

春秋战国时期的义利之辨是我国历史上的第一次大规模的义利辩论，儒家义利观也正是在此次大辩论中得以初步形成。在义利之辨中，围绕"义"与"利"的问题，各个主要学派都有自己的思想观点，其中有重义轻利的，有重利轻义的，有对"利"和"义"都持否定态度的，也有只讲"利"不讲"义"的。思想家们对义利问题的思考与讨论随着社会历史主题的转移呈现出明显的时代特征。孔子生活在奴隶制迅速解体和封建制在社会震荡中逐渐形成的社会转型时期，他面对社会现实，试图重新恢复人们对周礼的信心和尊重，提出了一套以"仁"为核心的伦理思想体系和"义以为上""义然后取""利民为义""见利思义"的义利观。孔子这种重义轻利的伦理观很大程度上是针对春秋无义战及其所导致道德失范的社会现实而阐发，具有很强的实用性，并无复杂而深刻的理论结构。孔子之后，儒家学说出现了孟子尚"仁"的内在修养和荀子尚"礼"的外在规范的两派分化。战国中期，孟子继承了孔子的仁义思想，提出了性善论思想和"惟义所在""怀义去利""舍生取义"的义利观。战国末期，面对封建生产关系、政治制度的发展变化，荀子提出了一整套以"礼"为核心范畴的道德规范体系和"先义后利""以义制利"的义利观，主张义利两有、以义求利。① 杨朱和墨家特别强调的是"利"，杨朱的极端利己主义思想，在以整体观念为特征的社会里，是找不到市场的。墨子所主张的"利"是利他，是公利，他不但强调"利"，也注重"义"，即贵义。因而这种义利观对以后中国伦理思想有一定的影响，主要表现在劳动人民的活动之中。道、法两家是完全否定"义"的。道家崇尚自然，认为"义""利"都是人为，持虚无主义的态度。老子主张"无为而治"，认为只要老百姓无欲无求社会就能长治久安。庄子则认为人生应该"不就利，不违害"，对任何事情都持无所谓的态度。法家重利轻义，韩非主张重实力，倡耕战，明赏罚，以法治国。这种重利轻义思想，虽然在秦灭六国统一中国之中逞得一时，但不久就被

① 张国钧. 中华民族价值导向的选择：先秦义利论及其现代意义［M］. 北京：中国人民大学出版, 1995：159-160.

儒家的义利观取而代之了。儒家义利观的真正贡献，在道义与功利的关系上认为，利是基础，但义是目的，是最高价值，必须以私利服从于家族、国家、民族等的公利。

先秦儒家重义轻利观具有三个特点：第一，在义利关系上，强调"利"是基础，"义"是道德目标，"利"寓于"义"。先秦儒家义利观主张重义轻利，但不反对利，同时，在符合"义"的条件下承认"利"的合理性。孔孟荀的义利思想都以探讨人性问题为起点，认为人对物质利益的追求是合情合理的，但不可唯利是图，必须以义制利。第二，在礼义关系上，"礼"即"义"，"礼"成为封建国家调节社会集团利益的一项制度。春秋时期，尽管礼乐失范，但"礼"存在的社会基础并未发生根本变化，"周因于殷礼，所损益，可知也"①，并且"礼"是实行社会控制的资源之一，借助这种资源力量，可以大大减少社会秩序重建的成本。第三，在民利与君利的关系上，先秦儒家思想家主张利民为先，以民利制约君利。这种"利民为义"的思想由于孔、孟、荀诸子的宣扬和论证，在先秦时期就基本确立起来。先秦儒、墨、道、法四大家的义利观在对立与争鸣中互相补充，作为早期的、重要的理论基础与思想渊源，从不同方面、在不同的性质与程度上规范和影响了传统义利观。

先秦儒家义利观的精华在于对道义满腔热忱地弘扬、执着不渝地追求，以建立理想的社会秩序、和谐的人伦关系为己任，以使人们弘扬崇高的尊严、根本的价值为己任，其中反映着古往今来一切进步人类的根本追求，蕴涵着永恒性、普遍性的价值。当然，先秦

① 杨伯俊.论语译注 [M].北京：中华书局，1980：52.

儒家义利观也存在一些缺陷，主要表现为：第一，受形而上学思维方法的影响，别义利为二，将义与利对立起来，没有看到二者的辩证统一，忽略了这种客观事实；第二，肯定和追求公利的同时，在情感态度上耻于言利，在理论形态上却不大言利；第三，在价值导向上，强调义高于利的绝对价值，这无疑是合规律合目的的，但是把希望寄托在贪婪的地主阶级及其王贵身上，看不到人民群众创造历史的真正力量。此外，先秦儒家义利观中又渗透着强烈的宗法精神，对君父秩序为核心的宗法等级秩序有论证和维护的倾向。而在当时，固然有其必然性与合理性，即便是在剧烈的社会变革时期，也因其强调社会秩序的重要并致力于积极地维护而有一定的进步性。在先秦儒家义利观中，其中的精华是占主导地位的，具有宝贵的精神价值，值得发扬光大，其中的糟粕则是囿于特定的历史局限性，而是必须克服的。先秦儒家义利观中虽然具有强烈的宗法精神，但道义追求毕竟居于主导地位，从而具有更大的真理性成分与积极的价值。

第二节　重义轻利观与封建制社会的建立

　　春秋战国时期，是我国的大变革时代，奴隶制转变为封建制，新兴地主阶级与奴隶阶级之间的斗争，以及社会生产方式的转变，构成了社会政治经济生活的主要内容。与这一社会变革的历史进程相适应，作为思想领域的一个重要方面的义利观在这一时期初步提出，并形成了维护封建等级制的儒家重义轻利观，在之后的两千余年封建文化的发展史中，随着儒家义利观的统治地位的确立而长期支配着人们的思想和行动。先秦儒家的重义轻利观的形成与当时的社会现实和社会关系密切相关，可以说是在批判现实与谋求理想的社会关系中发展起来的，它的本质是针对统治阶级穷奢极欲、横征暴敛的行为以及造成的人各为己谋取私利、天下纷争动乱的社会现实所进行的斥责，进而为统治者谋求一种天下太平的治国方略和适用于国家发展的价值目标，为新兴封建制度服务。儒家从统治阶级的整体和长远利益出发，要求统治者限制个人不合理的私欲、规范自身行为、关心庶民群体的物质利益，提倡在等级制原则下达到一种相对均衡，肯定每个人都应得到所需的物质利益，虽然差距较大，但个人之间仍要相互尊重，注重保护庶民的利益，使其不受侵害。孔孟儒家站在知识分子的立场上，以自己冷静的理性和批判现实主义的精神去看待社会和人生，强调突破思想的局限、摆脱世俗经济利益的束缚，主张一种有利于社会理性实现的和谐秩序与道德人格，提出了重义轻利的伦理价值观。

一、分封制的瓦解与物质资料生产方式的转变

春秋战国时期，是中国古代由奴隶制社会转变为封建制社会的历史大变革的时期。社会意识是反映社会生活的精神方面，也是社会存在的反映，"不是意识决定生活，而是生活决定意识"①。义利观是经济利益、政治制度等在人们思想观念上的反映，而儒家重义轻利观作为社会意识形态，也是在一定的生产方式和经济基础、政治制度等社会历史背景下逐渐形成的。也就是说，儒学思想家在社会生产方式发生重大变革以及政治经济关系发生剧烈变化的情况下，反对诸侯争霸、竞相扩张实力的不义之战，主张"义以为先""先义后利"和"以义制利"，从而形成了重义轻利的义利思想。春秋战国是我国历史上一个急剧动荡时期，各诸侯国相继兼并称霸。诸侯国内，宗室相争，甚至连楚国也敢于问鼎之轻重了，统治集团内部斗争激烈，臣弑君，子杀父，不一而足。奴隶起义和社会暴动频繁，许多奴隶身份发生改变，逐步成为依附农民，他们独立经营农业和家庭手工业，国家被迫制定和采取"初税亩"的新政策，以适应社会生产关系的发展要求。此时，在农业方面，生产力显著提高，春秋时期的石器和其他原始工具在一定程度上被金属农

具所取代，牛耕方法在农业生产中被广泛应用。到了战国时期，铁制农具的使用已经非常普遍，为水利工程的修建和农业灌溉提供了必要条件，这极大地促进了农业生产的发展，并促进了土地所有制变革。

尧舜禹时期，部落之间发生了多次战争，人们通过大量的征服战争，扩大了部落联盟的统治范围，家族公社的亲权日益超出部落边界。这导致由血缘关系维系的宗法家庭公社逐渐具有区域组织的性质。夏代以前中国社会为氏族部落或部落联盟，商汤革命建立殷，文帝革命开创周，周初封建宗法制度正式确立，春秋便是周朝的后期。夏禹废禅让而立世袭，标志原始公社解体而进入阶级社会，商承夏制，氏族奴隶主贵族是这一社会的统治阶级，文武革命，确立严格的嫡长子制，从天子到庶民，形成了一个金字塔式的宗法等级，并渗透到社会生活的各个领域和各个方面。盘庚迁入殷商前后，殷商社会发生了非常大的变化。随着生产力的发展，奴隶制已成为社会制度的主体，社会矛盾日益尖锐，最终武王征服商朝，建立了周朝，历史上称为西周王朝。当平王继位东迁到洛邑时，中国历史进入了一个新的阶段——春秋战国时期。春秋时期，社会动荡，政治经济关系急剧变化，西周统一的政治格局不复存在，旧的政治经济体制日益解体，社会政治生活出现了很多新问题：第一，随着皇室衰落和社会秩序的动荡，皇室的地位与以前相比发生了显著的变化。大国争霸是春秋时期的一个重要特征，春秋之初，中国历史进入了"礼乐征伐自诸侯出"的时代，一些诸侯国竞相扩大势力，大国相互攻击，争夺利益。大国争霸的政治形势使春秋时期的社会变得动荡不安。到了春秋晚期，卿大夫的家臣这一新的阶层的出现，开始时效忠卿大夫就像效忠君主一样，但后来，卿大夫、官僚、家臣逐渐掌握了真正的权力，逐渐有了控制诸侯国的力量。① 于是，卿大夫的家臣进而控制诸侯国的部分权力。第二，社会、政治和经济体系的解体。随着社会的动荡，夏商时期形成、西周时期完善的早期国家的政治经济体制也发生了变化，分封制和井田制日益解体。春秋时期由于生产力的发展，封建领主土地占有形式解体，并被封建地主土地占有形式所代替。社会生产也有了相当的进步，铁器用于生产，大大提高了生产效率，促进了经济的发展，与农业密切相关的历法在夏商周得到进一步完善，农业、手工业都有较大的发展，科技也有一定的进步。第三，思想的活跃与民办学校办学氛围的兴起。随着社会政治经济环境的变化和人们认知能力的提高，人们对社会政治生活的认识也在不断加深，思想文化领域展现出前所未有的积极状态。春秋末期，随着诸子的逐渐崛起，中国思想文化的发展呈现出多元化的趋势，各种流派的思想家纷纷著书立说，试图建立各自理想的社会秩序和伦理规范，出现了"百家争鸣"的局面。春秋时期礼崩乐坏，思想家们因此探索社会动荡的原因，试图寻求解决社会问题的方法。孔子认为，恢复礼制是摆脱社会动荡的根本途径，主张重义轻利，"义以为上"，反对不义之战。

就唯物史观而言，儒家重义轻利观形成的主要原因有：一是社会生产力的发展和生产关系的变革。春秋时期，生产工具的改进，

---

① 曹德本. 中国政治思想史［M］. 北京：高等教育出版社，2012：33-37.

牛耕方式的推广，争相开垦拓荒，那种"溥天之下，莫非王土"的局面被改变，夺田斗争使原来的王土逐渐变成了私有财产。随着财产私有制的发展，激发了人们追逐占有私有财产的利欲之心，驱使着人们违逆周礼大行其道，礼崩乐坏，私欲膨胀，在道德领域形成了一股唯利是图的思潮，原有的道德礼教和道德体系遇到了前所未有的挑战，在利欲与道德之间产生了尖锐矛盾和冲突。为了拯救时弊寻求新的价值观，也为了解决现实生活中存在的道德难题，各家义利之辨由此兴起，进而贯穿了中国历史和文化发展的全过程。春秋时期的义利之辨，在形式上表现为道德与利益之辨，实质上是公私利益之争。"义"作为当时的一种道德要求，体现了贵族统治阶级的整体利益，而"利"则反映了新兴势力和私家大夫的个体利益，是对私有经济利益的概括。封建生产力的发展使生产关系发生了巨大变革，由封建领主土地占有形式向封建地主占有形式过渡，促进了商品货币关系长足发展。在农业方面，这一时期的社会经济变化首先反映在农业生产力的发展上。铁制农具和牛耕广泛用于农业，成为促进农业生产力发展的决定力量。铁器被广泛用于农业生产之中，牛的用途也发展为拉犁耕田。牛耕是古代农业发展史上的一个划时代的发展阶段，驾牛耕田，畜力代替了人力，使农业生产力获得巨大解放。农田水利的进步是促进农业生产力发展的又一重要因素。在手工业生产方面，一个独立的手工业阶层的出现极大地提高了手工艺品的生产水平。在日用手工业品方面，生产技术大大提高。生产力的发展必然要在社会生产关系方面引起变革。随着诸侯或者大夫领地世袭时间的延长，滋生了私人占有领地的倾向，开始逐渐产生了地主阶级。同时，由于长期使用和生产技术的提高，农民也认识到用田地的私有代替公有对自己比较有利，滋生了个人长期占有土地的要求，逐渐转化为小土地所有者。而新兴的工商业者，尤其是富商大贾，在农业仍是主要生产部门的条件下，也对占有土地产生兴趣。这样，社会生产力的发展使社会各阶级普遍产生对土地财产私有的要求。一些诸侯国在田制、兵制、赋税制度等方面进行了变革，瓦解了西周以来形成的封建领主土地所有制。农村公社解体，逐渐成为个体家庭经济，实物地租代替了劳役地租，国野界限逐渐被打破，田赋、军赋的征收都逐渐转向土地，土地私有不断加强。春秋时期社会生产力的发展，特别是农业生产力的发展，要求封建领主土地占有形式解体，并为封建地主土地占有形式所代替。手工业、城市、商品货币关系的发展是土地占有形式变革的结果，也是促进这一变革的原因。第二，社会政治经济制度的剧变。春秋时期，王室衰微，社会动荡无序，早期建立的政治经济制度日益瓦解，分封制度和井田制逐渐退出了历史舞台，新型社会体制还未建立，持续不断的战争给百姓带来了巨大的灾难。在这种形势下，如何治国、怎样恢复和重建社会政治秩序，已成为这个时期的政治主题。战国时期战争规模不断扩大，各诸侯国之间频繁征战，互相兼并，列国变法，在政治上共同打击旧的贵族势力，削弱或废除世卿世禄制度，奖励耕战，实行富国强兵政策，实施郡县制度，从商周以来的村社土地制度演变为土地私有制。战国时期的矛盾和斗争空前尖锐复杂，新兴地主阶级和工商业者同封建领主统治阶级展开了激烈的斗争。农民群众和城市中的无业游民也因兵役频繁、捐税苛重而不时发生反抗，诸侯国之间的兼并战争不断发生。

第三，手工业与商业的发展。金属工具的进步为手工业的发展提供了利器，农业生产的发展为手工业发展提供了市场和原材料，使手工业和农业分工进一步完善。随着春秋后期工农业生产的发展，商品生产渐趋发达，大小城市越来越多，无论规模还是繁华程度都远非春秋时期可比。商业方面专业化程度更加显著，作为商品交换场所的集市大量涌现，市场上有专门出卖某类商品（如黄金）的场所。富商也大量出现，他们甚至参与重大政治活动。伴随着经济的发展，在流通中要分割和鉴定成色的金属称量货币逐步被金属铸币所取代，金属货币的流通更加广泛，商品货币关系的发展也使放债取息成为普遍现象。第四，科学技术的进步与文化的发展。农业方面因冶炼技术的发达使铁制农具的使用更加广泛。铁制农具的广泛使用使人们的劳动能力大大增强，从而提高了人们改变自然的能力和劳动生产率。此外，水利工程建设也改善了农业生产的基础条件，把许多恶田变成了良田。农业技术也得到了很大的提高，人们已懂得深耕细作和分行栽培技术，施肥和灌溉技术也有了进步。在耕作制度方面，一年两熟制在气候适宜的地区已得到比较普遍的推行。春秋时期是一个奴隶制日趋腐朽、社会矛盾不断加剧、新生产力不断发展、新的生产关系正在孕育和形成的时期，在经济、政治不断变化的同时，思想文化也处于一个承前启后、继往开来的新时期。春秋时期的社会动乱导致的政治中心的下移、学术下移和思想权威的下移，造成了思想发展的多元化，形成了"百家争鸣"的局面。战国时期，士人受到列国统治者的普遍重视，逐渐成为政治舞台上最积极的政治力量，他们不但拥有良好的文化素养，还具备较高的治国能力和军事才能，为战国时期思想文化的繁荣创造了条件。战争频繁，动荡的时代最能刺激思想的活跃，在动荡中，各派政治力量需要自己的代言人，他们的利益和要求必然反映到思想家的头脑中来。春秋战国是我国古代伦理思想发展的一个极为辉煌的时期，先秦诸子则是统治者各派利益和要求的代言人。生产力的发展、商业的活跃、战争的频繁、各国的变法革新，促进了学术思想的繁荣，形成了"百家争鸣"的局面，各学派纷纷建立，成为古代中国文化繁荣的黄金时代，儒家重义轻利观也正是在这样的社会历史背景下提出的。

二、列国变法与郡县制的实施

战国时期，没有了一统天下的霸主，各诸侯国之间进行战争的目的不再是争夺霸主地位，而是攻城略地。此时，各诸侯国为了夺取战争的胜利，大力推行富国强军政策，竞相收买人才，推行改革。战国时期矛盾和冲突异常复杂，封建地主阶级加强了政治统治，新兴地主阶级、工商业者与封建地主阶级展开了激烈的斗争。因战争频繁、苛捐杂税繁重，导致广大农民群众和城市无业者也不时参与反抗，各诸侯国之间的兼并战争接连不断。随着士人阶层的蜂拥而起，思想文化领域也出现了繁荣盛景。战国时期的吞并战争客观上推动了统一进程，战争的规模比春秋时期扩大了，各诸侯国之间频繁战争，互相兼并，逐渐形成了"战国七雄"的并立局面，最终秦兼并六国，实现统一。战国时期，各国统治者忙于战争，无暇顾及思想文化领域的控制，这也为"百家争鸣"创造了良好的空间。总之，战国时期中国社会呈现出兼并战争与统一的趋势、列国变法、郡县制的实施和思想领域的百家争鸣。

随着我国古代社会从奴隶制向封建制的转变，经济政治发生了翻天覆地的变化，包括义利观等思想文化领域也发生了前所未有的变化。在"百家争鸣"大潮中，就如何正确对待物质利益问题掀起了我国历史上第一次义利之辨的高潮。社会生产方式以及社会历史状况决定伦理思想的形成，而思想观念是社会现实的反映。在社会急剧动荡、各诸侯国兴衰变化、人生前途和祸福变化莫测的情况下，人们面临人生观、价值观、义利观等许多问题，思想家们正是围绕这些当时人们所面临的问题，展开讨论和争鸣的，使中国伦理思想得到前所未有的发展，也形成了儒家重义轻利的基本思想。孔子作为中国历史上伟大的思想家，针对"礼坏乐崩"的社会现实和商周宗教思想的背景，借助六经代表的历史文献，批判性地审视礼乐制度，主张道义，提出了"义以为上""义以为质"的义利观。孔子用道德的观点理解社会，把道义原则作为社会评价的标准，强调统治者应该以"德"治国，义以为上，见利思义。孔子继承了西周以来建立起来的伦理思想，力求使伦理思想与政治思想相结合，提出了自己的义利思想，并努力使自己的义利思想能为维护当时的社会稳定、政治稳定服务。孔子周游列国，极力宣传推崇他的"仁""礼"思想，以仁义道德来治理国家，匡正社会风气。他非常重视德政、德教和个人修养，提出德治的理念，不仅对当时的社会产生了重要影响，还对未来的中国社会也发挥着独特的作用。战国时期是中国古代社会由小国林立走向大一统的重要历史阶段，如何实现富国强军和国家统一，是思想家们共同关心的问题。随着封建制度在各诸侯国相继确立和进一步发展，特别是政治和文化的相互交流，在"百家争鸣"的推动下，诸子纷纷著书立说，出现了孟子、荀子等许多思想家，这些思想家所涉及的范围尽管都非常广泛，但就其思想的主要内容来说，都是同人生观、价值观和义利观密切联系的。战国时期，孟子、荀子继承和发展了孔子的义利思想，分别提出"惟义所在""以义制利"的儒家重义轻利观。

先秦儒家重义轻利观是在批判社会现实和吸收前人的进步思想中逐步形成的，从本质上表达着合理调节人欲的要求以及实现天下太平的意愿。在为统治阶级利益辩护的同时，又对统治者的苛税暴政进行批判，洋溢着对民众物质利益的关心，彰显了人道主义精神。先秦儒家义利观的出发点在于实现一种充满道德的和谐社会秩序，使道义成了个人生活和社会发展稳定的至上目标，统治阶级也必须受道义的规约与制裁，他们没有超出于道义之上的特殊权利。儒家主张的"从道不从君，从义不从父"的观点更具有视统治阶级为实现道义目的的工具的因素，他们所提出的民贵君轻、民为邦本的思想，体现了人民利益观和国家利益观的富民爱民重民学说的基本特色。儒家义利观在当时的社会历史条件下不失为一种科学而合理的伦理价值观，对义利之辨作出了较大的贡献。当然，儒家义利观从一开始就包含有把义与利对立起来的因素。它在个人生活领域强调道义的至高无上性的动机立论，带有唯动机论的色彩；它在社会政治生活领域突出道义的作用并将其提到强国之本的高度，也带有道德决定论的色彩。唯动机论忽视行为的实践及其效果，因而尽管有强调和推崇道义的一面，但毕竟具有偏颇性。儒墨道法四大家的义利观代表着不同的阶级、阶层和利益集团，他们针对不同的对象而阐发。各家的义利观既相互排斥，又相互渗透；既相互否定和区别，又相互补充和融合。儒家义利观由于其丰富性、现实性和辩证性，最能适应中国传统社会的基本需求，维护新兴地主阶级的统治利益，因此在汉朝后崛起为主导意识形态，成为官方的意识形态，以至于常常被作为整个中国传统义利观的代表，并且影响最为深远。"占统治地位的思想不过是占统治地位的物质关系在观念上的表现，不过是以思想的形式表现出来的占统治地位的物质关系"①。此外，社会意识一旦产生，就有了相对独立性，并对社会存在有一定的反作用。先秦儒家重义轻利观的形成对于维护统治阶级利益，缓解阶级矛盾，促进社会稳定，也发挥了一定的积极作用。恩格斯指出："精神生活的每个领域一经产生，就具有相对独立性。同样，科学和艺术一样，道德也具有相对的独立性。在一般地取决于社会经济和利益关系这个前提下，道德有自身的发展趋势，并以特殊的方式对经济发展产生反作用。"②

不同的时代面临不同的问题，必然产生不同的思想观念。义利观作为社会伦理思想，是社会面临的实际问题较为直接的反映。儒

---

① 中共中央马克思恩格斯列宁斯大林著作编译局. 马克思恩格斯文集：第 1 卷 [M]. 北京：人民出版社，2009：550-551.

② ［苏］季塔连科. 马克思主义伦理学 [M]. 安启念、陈先达、黄其才，译. 北京：中国人民大学出版社，1984：32.

学创立时期面临的是奴隶制逐步解体，新兴封建阶级以实力和权谋争取重建统一国家的纷争混战。道德失范，人欲横流，权谋盛行，功利至上，这是新兴封建阶级取代奴隶阶级的社会转型时期不可避免的现实，但也并不完全是正常现象。先秦儒家重义轻利观正是对这一客观实际的反映，它以规范转型时期的人际关系为指归，力图对日益膨胀的利欲权谋加以规范和限制，把激烈竞争的社会引向有序与和谐。先秦儒家义利观具有鲜明的针对性和现实性，但尚未建立严密的理论体系。

第二章

秦汉隋唐时期儒家贵义贱利观

秦朝结束了春秋战国以来的长期分裂状态，首次在中国历史上建立了统一的中央集权国家，使国家实现了真正意义上的统一。两汉时期，伦理思想发生了重大的变化，儒学逐渐占据了统治地位，这是以儒家思想为主导的古代传统义利观形成的前提条件。魏晋南北朝时期，国家四分五裂，天下一片混乱，汉代时期"独尊儒术"的局面被打破，文化思想呈现出多元化发展的趋势，出现了玄学思想，从理解深度上看，对中国传统伦理思想的发展具有深远的意义。隋唐时期，中国作为统一的多民族国家进入了新的历史阶段，统一的恢复，为以儒学为主体的传统伦理思想的发展创造了条件，儒家义利观也得到进一步丰富和发展，即恢复了贵义贱利观。此外，作为域外文化的佛教经由魏晋南北朝时期的广泛传播，在隋唐时期与儒学冲突、交流、融合，完成了自身的中国化，为宋代理学家援佛入儒提供了思想文化条件。汉王朝经过几十年的休养生息，长期动荡的社会政治和经济得到了某种程度的稳定和发展，出现了一个繁荣强盛和统一的封建帝国，这迫切要求能够建立起与之相适应的意识形态。魏晋南北朝时期，社会阶级矛盾和民族矛盾错综复杂，玄学风行一时，"礼法""名教"受到严重影响。但由于传统力量的过分强大和封建政治制度的保证，所以不仅不能从根本上动摇传统的以儒家为核心的封建伦理思想，而且儒佛道三者越来越趋于统一，为隋唐时期以儒家义利思想为主、儒佛道三者的对立与融合打下了思想基础。董仲舒提出的"罢黜百家，独尊儒术"的建议被汉朝统治者所采纳，从此儒学被定为一尊，标志着儒家思想正式成为中国封建地主阶级的统治思想确定下来，贵义贱利的义利观成为儒家的最高精神和行为准则，并以贵义贱利的思想教导百姓。[①]董仲舒在继承儒家义利观的同时，把儒家"义主利从"的思想发展为"贵义贱利"论，并赋予儒家义利观一层神秘的色彩。[②]

① 魏悦. 转型期中国市场经济伦理的建构：中西方义利思想演进之比较研究 [M]. 广州：暨南大学出版社，2013：53.

② 汪洁. 中国传统经济伦理研究 [M]. 南京：江苏人民出版社，2005：40.

第一节 贵义贱利观与独尊儒术

秦汉隋唐时期，是儒家义利观的确立与完善时期。这一时期，是中国封建社会的上升期，与此相应，伦理思想从汉初的黄老之学到两汉经学、魏晋玄学，直至南北朝隋唐佛学，在儒、佛、道三者交相融合的过程中异彩纷呈，把先秦时期奠基的认知方式与价值理念做了进一步的拓展。秦始皇建立统一的封建王朝之后，根据新兴地主阶级利益的需要，继续奉行法家学说，强调法治，施行严刑峻法，其结果事与愿违，激化了封建统治阶级同广大劳动人民的矛盾，并使中央政权同所属官吏产生上下离心的倾向。从秦至汉初，随着专制统一的封建帝国的形成，特别是在汉王朝建立以后，为了吸取秦亡的教训，在意识形态领域产生了"制礼作乐"的要求，并企图以此来巩固封建统治。

一、独尊儒术的义利观

思想是存在的反映，从春秋战国的动乱到秦汉的统一，是中国历史的一个巨大转折，社会的发展由政治文化中心的多元化转变为政治、经济和思想文化上的大一统，这一社会结构模式成为中国古代封建社会的基本定式，用中国传统文化的话语来说，政统的构建已经成熟，道统的奠基也已经形成，政统与道统有了更加紧密的结合，秦汉时期伦理思想的发展也就表现出与先秦时期不同的特点。

秦汉时期是中国伦理思想发展的重要阶段，两汉时期更是中国封建伦理思想体系确立和强化的时期，也是儒家义利观的初步确立时期。为了适应建立和巩固大一统政权的需要，秦始皇在贯彻政治经济统一措施的同时，也采取了思想文化统治措施，实行文化专制主义。"焚书坑儒"事件标志着秦朝将文化专制政策推向了极致。文帝重用贾谊，强调儒家的宗法等级伦理，明确尊卑名分，大力提倡忠孝仁义，强化了儒学的纲常礼节。礼制和德治的贯彻又大大推进了儒家伦理思想及价值观念的发展。贾谊要求用儒家的仁义道德来调解各种各样的伦常关系，缓和阶级矛盾，以促进社会的稳定、政权的巩固和经济的发展，认为治天下离不开仁义道德，以仁义道德治理天下就能淳风化俗，革故鼎新，并能形成一种民族的凝聚力和亲和力。陆贾、贾谊等早期汉代思想家对秦朝灭亡教训的总结，是新兴地主阶级对自己统治经验的深刻反思，说明汉初的封建统治者从秦亡的历史教训中，已经认识到了先秦儒家思想在治国方面的重要价值。

直到汉武帝时期，才出现了儒学取代"黄老"而定于一尊的客观形势。首先，西汉王朝经过自建国初至"文景之治"的六十多年的休养生息，经济富足，国力强盛，具备了从根本上解除北患（匈奴入侵）的物质条件，因而在对匈奴的态度上，产生了由消极防御而变为主动进攻的战略转移。其次，国家的财力富足正意味着对农民阶级剥削的加剧。自汉文景帝以来，阶级矛盾日趋尖锐，小规模的农民起义在黄河、长江流域时有发生。如何更有效地防止农民起义、巩固封建统治，同样是汉武帝所面临的一大难题。再次，中央政权与地方诸侯之间的矛盾，虽经景帝时平定吴楚七国之乱后有所缓和，但问题依然存在，尚待进一步解决。凡此种种，都要求加强中央集权，实现大一统的政治局面。正是在这种情况下，"无为而治"的黄老之学就失去了它继续作为治国之策的根据，统治思想的演变已势在必行。汉武帝诏举贤良对策，要求提供如何能使汉王朝"传之亡穷，而施之罔极"的大道之要，正反映了在新的历史条件下封建统治者必须调整治国策略和统治思想的客观要求。于是，董仲舒等人应诏对策，向汉武帝提出了"罢黜百家，独尊儒术"的建议，董仲舒等人的建议得到了汉武帝的支持。从此以后，汉封建统治者公开打着儒家的旗号，实行儒法糅合、王霸杂用，同时还汲取阴阳家、道家的某些成分，而儒家伦理思想也就被尊奉为封建统治思想的正统而定于一尊。义利关系也是董仲舒伦理思想的一个重要主题，并在理论上与先秦儒家一脉相承，他提出了"正义不谋利"和义利"两养"的义利观。

汉昭帝时，西汉朝廷召集各地的贤良开了一次辩论会议，讨论国家现行盐铁政策，被称为"盐铁会议"。这场辩论的本质上是对汉武帝时期推行的各项政策进行总结和评价，其核心是国家是否直接干预社会经济发展，特别是盐铁业的发展。汉宣帝时，桓宽根据盐铁会议的记录，写成了《盐铁论》一书。《盐铁论》是关于经济问题的辩论记录，还广泛涉及政治、文化、军事等各个方面。"义利"问题是盐铁会议上辩论的重要议题之一。在盐铁会议上，"文学贤良"们针对汉武帝制定的政治、经济政策进行了全面抨击。在经济上要求"罢盐铁、酒榷、均输",以儒学为武器,倡导仁义道德,反对"言利"。"文学贤良"们要求取消盐铁官营政策,猛烈抨击通过官营政策获利的官吏,要求统治者实行贵德贱利、重义轻财的政策。桑弘羊对于贵义贱利、重义轻利的理论进行了反驳,认为好利是人的天性,那些持有"贵义贱利"观点的人是错误的,他认为实行盐铁官营等,既能够增加国库收入,使国家更加强盛,还能够便利百姓改善生活,因而不仅获"利",而且合乎"义"。盐铁会议的"轻重之辨",也反映出西汉经济伦理思想从功利本位走向道德本位的转向。"文学贤良"对于汉代盐铁的攻击,所持的理据"治人之道"是伦理学意义上的,并非经济学意义上的。"文学贤良"对大夫的指责显然与传统儒家伦理思想是存在矛盾的。在孔子心中,不存在"本末之辨"的问题,孔子对商业的态度不是消极的,而是积极的。在"文学贤良"看来,商业活动只是使社会财富实现一种重新的分配。"文学贤良"提出的观点和论断确实有其一定的合理性,但是在现实上是否可以得到人们的认同,却又是一个经济学的问题。"文学贤良"试图从"末业"的特点来消解其伦理学意义,由于商业活动的投机取巧性质,对儒家倡导的"诚实"的道德要求具有一定的腐蚀作用。他们提出了重本抑末说,主张"进本退末,广利农业",指责官府经营工商业,认为"末业"的发展容易形成奢侈浪费之风。《盐铁论》中"文学贤良"与"大夫"之间的"轻重之辨",是西汉经济伦理思想中的一场理论辩论,其表面上是关于经济思想的论辩,实质上是一次政权内部不同派别之间的政治斗争。它是西汉初年以来儒家与道家、法家思想在封建制历史框架之下的思想论辩融突过程的顶峰。[①] 此外，汉章帝在皇宫召开了一次白虎观会议，讨论内容是儒家的"五经同异"。会后，班固对会上形成的观点进行了整理，即《白虎通义》。儒家伦理思想及义利观最终被封建统治者选定为正统，当然有其具体的历史原因，而更直接的根据在于儒家本身所特有的一套政治伦理思想，适应了中国封建社会的生产方式和社会结构，或者说，符合了封建地主阶级为使自己的统治得以长治久安的需要。

二、董仲舒的正义不谋利观

自刘邦建立汉王朝以后，中国历史上第一次出现了一个繁荣、强盛、统一的封建帝国。与此同时，在哲学、政治和道德上，汉王朝都迫切要求能建立起与之相适应的意识形态。与这种要求相适应，一方面是《仪礼》《周礼》和《礼记》以"经"的面目出现，在汉王朝内，开始了一个"制礼作乐"的行动；另一方面，又要求能从根本上给这种礼乐以天命神学的论证，董仲舒的《天人三策》和《春秋繁露》，就是为了适应这一要求而建立起来的哲学、政治、伦理体系。

汉代时期，在董仲舒的建议下，汉武帝实施了"罢黜百家，独尊儒术"的文化政策。董仲舒不仅是"独尊儒术"的倡导者，而且更是新儒学理论体系的开创者。董仲舒在义利观方面继承了先秦

---

① 唐凯麟，陈科华.中国古代经济伦理思想史［M］.北京：人民出版社，2004：269-271.

儒家重义轻利的思想，提出了义利"两养"与"正其谊（义）不谋其利"的义利观，他指出"利以养其体，义以养其心。心不得义不能乐，体不得利不能安"①。董仲舒肯定了人人都有求"义"和逐"利"之心，二者皆不可或缺。他认为，"义"可"养心"，"利"可"养体"，二者满足人的不同需要。他说的"利"，具有功利和物质利益的含义，指人"养其体"的物质生活资料，对于人来说"利"是不可或缺的。董仲舒的"义"主要包括道德和精神生活的意义，它指的是人们的"养其心"，即在道德及精神层面的追求。董仲舒阐述的义利关系，主要是指个人利益与道德原则之间的关系，而在义利作用方面，他主张义利"两养"，而心与身相比，心更为重要，养心的"义"也就比养身的"利"更为重要，"义之养生人，大于利而厚于财也"②。董仲舒在现实领域也是重视功利的作用的，认为现实领域特别是在政治实践上，重视功利更是题中应有之义。在董仲舒看来，物质生活和精神生活同等重要，"义""利"两者都是不可缺少的。他指出，"正其谊（义）不谋其利，明其道不计其功"③。应该说，董仲舒的义利观是对先秦儒家义利观的继承与发展。在义与利的关系上，董仲舒的"正其谊（义）不谋其利"是在汉代对先秦儒家"君子喻于义，小人喻于利"义利观的复制。董仲舒从认识"利"的角度出发，认为人们的欲望是正常的、合理的，但不能任其泛滥。于是他提出"无欲有欲，各得以

① 董仲舒. 春秋繁露 [M]. 北京：中华书局，1963：86.
② 董仲舒. 春秋繁露 [M]. 济南：山东友谊出版社，2001：333.
③ 班固. 汉书 [M]. 北京：中华书局，1962：2524.

足，而君道得矣"①，即君主治国时，应在"无欲有欲"之间找到一个恰当的制衡点，使人民有欲，但不得过分；节制欲望，但不能没有欲望。同时，董仲舒从协调社会矛盾的角度，希望用"防欲""节欲"来限制统治者和富人夺取人民的利益，这对缓解社会矛盾、减轻人民负担具有积极意义。

董仲舒道德哲学的最高范畴是"天"。他认为"天"是万物之祖，也是道之本源。董仲舒以人的形体比附上天，以人类的传宗接代比附天人关系，阐明人事与天道的相互关系。他还从人的身心存在及需要出发，对儒家"贵义贱利"的道德原则作了论证，认为"重义轻利"是上通天理、下合人情的，只有人类才享有天所赋予的仁义之性，仁义来自天地之精。为此，董仲舒将注重"义"视为君子的先天本性，将追逐"利"视为小人的先天本性。因此，为限制平民百姓的求利行为，必须以"贵义贱利"的思想教化百姓。董仲舒依据儒家的伦理思想，强调统治者在制欲中的主导作用。以义为上的道德精神经过董仲舒的宣扬，被调整到治国方略的轨道，成为君民殚精竭虑的修养要求，这也使得政治制度和伦理道德合而为一，治理国家与道德修养融为一体。在君利与民利、公利与私利的关系上，董仲舒提出人君应当效法天道，以"兼利天下""爱利天下"为旨归。"爱利天下"就是以公利为义，这符合儒家的道德准则。为约束君王"承天意"而不与民众争利，董仲舒又赋予"天"对人类具有赏罚管控的能力和惩恶扬善权力。他宣扬"爱利天下"

---

① 苏舆. 春秋繁露义证 [M]. 北京：中华书局，1992：174.

义利观的目的，一方面是借助君权神授来确立封建统治政治制度和道德规范；另一方面是企图通过"王者法天意"来劝请君王重仁轻利，不要违反道德准则。说到底，董仲舒的根本目的在于维护地主阶级封建统治，这也是"独尊儒术"的真正原因之所在。

尽管董仲舒在道德之外领域中肯定了义、利"两养"的观点，且将功利与道义相提并论，但是在道德实践领域，也就暴露出他的贵义贱利和重义轻利的立场。一般而言，这也是儒家义利观的固有思想。董仲舒认为，人们虽然有追逐利益的本性，但人之为人的本质特征是仁义。董仲舒认为，在道德实践之中，"义"与"利"之间本来就是相互排斥的。人的行为是否符合道德要求，就在于是否符合道义，不在于是否获得功利，而且从思想动机上就不应该有谋利的欲望。对于"志""功"的关系，他认为只要动机不端，即使没有造成什么后果，也要加以惩处。董仲舒就义利关系从道德与非道德领域两个方面进行阐述，试图调和道义论与目的论，从而解决义利之间的矛盾。但是这种调和论在理论上又存在着明显的困难，道德既有超功利的一面，又有功利的一面。当董仲舒将"不计其利"思想与功利原则分别视为道德领域的基本原则和非道德领域的基本原则时，实际上已经将道德的二重性放在了不同的领域，何况更没有离开"以义制利"的儒家传统，因而相应地也就未能真正实现"义"与"利"的分离，对以后儒学道德价值观的发展产生了深远影响。董仲舒"正其谊不谋其利"的义利观，对于个人的道德修养来说，也不无一定合理之处。但是，董氏对"利以养其体"的肯定，是以"度礼"为界限的。"利"对于贫者（劳动人民）来说，仅"足以养生而不至于忧"罢了。而"正其谊不谋其利"的行为要求，正从价值观的角度，为使劳动人民安于贫贱提供了思想保证。它是小农经济生活方式的反映，同时是小农经济的精神枷锁。这正是后来宋明理学竭力推崇董仲舒的义利观，在"正义不谋利"的基础上进一步主张"存理灭欲"的根本原因，并在一定程度上起到了禁欲主义的作用。

第二节　儒佛道义利观的互动

魏晋至隋唐时期，中国的伦理思想表现为外来佛教和本土道教的兴盛。南北朝隋唐时期，佛教和道教的兴起与发展对中国伦理文化和义利思想产生了极为深远的影响，形成了以儒学为主导的儒释道融合发展的新格局，三者在相互斗争中逐渐融合。与魏晋时期相比，这一时期伦理思想领域讨论的中心问题也发生了重大变化。如果说魏晋玄学的主题是"自然"与"名教"的关系，那南北朝隋唐时期的儒佛之争（从某种意义上说，也包括儒道之争）就是宗教出世主义与伦理世俗主义之争，或是"神道"原则与"人道"原则之争，即天国与俗世关系之争。

一、儒佛道义利观的斗争与合流

儒、佛、道三者相互影响，并趋于合流，是隋唐时期伦理思想包括义利观发展的基本趋势。唐王朝建立以后，太宗李世民善于吸取历朝成败的经验教训，在经济上实行轻徭薄赋政策和租庸调制；在政治上以三省六部的分权架构使体制的设置日益完善；在人才选拔方面，承接隋朝以科举制取代以往凭身份地位任用官员之制，为出身庶族的士人跻身上层社会打开了通道，门阀士族势力渐趋解体。这些举措，都为唐初国力恢复与发展奠定了基础，开创了"贞观之治"的良好势态，至唐玄宗开元年间，终于使中国社会发展至高度繁荣的时期。在新的社会历史条件下，社会的稳定需要儒学纲常名教的支撑，儒学得以恢复其作为精神价值追求和治国理念的本来面目，儒士作为相对独立的精英个体亦重新受到重视。在唐太宗的支持下，原来散失或纷乱的儒家经典得到重新整理与勘定。及至唐代中叶，韩愈、李翱等人面对佛、道二教的强势影响，有志于使儒学在理论上得以进一步建构，并力图重建儒学的道统。韩愈提出了"仁义本性观"，认为君臣父子之礼、夫妇长幼之别的伦理规范，不仅是人类群体生活的应有之义，而且是有序生活的必然要求，它们属于"天常"，于是他坚决取缔佛教，重新树立儒家仁义道德的权威；李翱继承和发挥了《中庸》和孟子的性善学说，他还将佛教融入儒家思想，提出性善情恶观，倡导"灭情复性"的人性论和"诚则明"的道德修养论。在中国历史上，唐代是一个社会经济和文化大发展、大繁荣的时期。唐代实行的民族和解与民族融合政策对中华民族的凝聚有极其重要的意义。唐代对外采取的高度开放的政策则使中国成为当时世界的政治、经济与文化的中心。适应这个时代的变化，儒家经学、道教、佛教竞相争辉，都获得了空前的发展。经安史之乱后，唐代逐渐走向衰落。就伦理思想包括义利观的发展而言，佛教作为外来宗教，由于理路和价值信念与中国流行的儒道二教（学）均有不同，因而在中土传播过程中，不免时有颉颃。然而，儒、道、佛三教（三学）始终在不断地相互吸收与相互融合着。佛教传入早期虽然有取于魏晋玄学，唐宋天台宗、华严宗、禅宗的心性论有取于儒家的良知说；儒家吸收佛教的如来藏学，则在宋明时期构建起心性论；道教吸收佛教的如来藏学及儒家的道德信念，于宋以后有内丹学的转向与性命双修的新开展，如此等等，都表明了三教融会的态势。魏晋南北朝隋唐时期，玄学伦理思想、佛教宗教伦理思想和道教宗教伦理思想的产生和发展，尽管给以儒家思想为核心的正统的封建伦理思想以很大的冲击，一度削弱了它的社会地位和社会作用。但是，由于传统力量的过分强大和封建政治制度的保证，儒家伦理思想及其义利观不仅没有失去其广泛的社会影响和社会作用，而且在儒、道、佛互相对立、互相融合的历史趋势中，又重新上升为正统的地位。

隋唐时期，中国伦理思想的发展重心又一次发生转移。先秦时期是诸子百家在学术上的争鸣，两汉时期则是儒学一统天下，进入魏晋以后玄学倡行，佛教也趁此玄风迅速崛起，到了唐代发展重心就转移到了佛教，演绎出佛教宗派的林立，各种学说纷纷出台，此起彼落。所以，隋唐时期是佛教发展最辉煌的黄金时期，几乎其他任何学说与佛教的成就相比较都黯然失色。由于佛教发展劲头的强势直接威胁着儒学的统治地位，所以，儒学才起而抗争，力图保住自己的地位。但是，三教鼎立的局势已经形成，儒学独尊已经不复存在，终唐之世，儒家思想只在经学中有大发展，在伦理思想上并没有多大成就。但是，儒家思想在隋唐时期仍具有非常重要的学术价值，因为它继承了儒学的传统，坚守了学术的阵地，特别是对佛教的反击与批判制约了它的泛滥，给后来的宋儒批判佛教、重新确立儒学的权威打下了坚实的基础。因此，隋唐儒学的成就虽然不甚突出，但却具有重要的承上启下的作用。①

　　韩愈、李翱的义利观是中国伦理思想史发展的一个转折点。先秦的"百家争鸣"初步提出了各种义利思想，为适应大一统局面，两汉时期形成了以"三纲五常"为核心的"独尊儒术""正谊（义）不谋利"的义利观。魏晋南北朝的社会动荡使纲常名教的声誉扫地以尽，一批学者以玄学的形式讨论"自然"和"名教"的关系，这涉及封建道德规范和原则是否符合人的自然本质的问题，即"名教"是否合理的问题，并形成了玄学义利观。佛教从宗教的立场出发，宣扬禁欲主义和出世主义，实际上否定并严重危及"名教"的存在。而他们关于解脱的根据（佛性）的烦琐论证，则以宗教的形式深化了传统人性论的研究。唐代的韩愈、李翱直探性命之源，上接先秦西汉儒家伦理思想路线，并从人的本性的角度论证了封建道德纲常的必要性和合理性，并以此为武器批判了佛教的出世主义，同时吸收了佛教关于佛性的某些理论和方法，以丰富自己的人性学说。他们以性命为核心的义利思想，在对抗佛教义利思想和恢复传统的儒家道德方面起到了重要的作用。他们提出的义利观以及命题、方法、范畴，甚至他们尊崇的儒学经典，都直接为宋明理学义利思想所继承。因此，魏晋到隋唐时期的伦理思想的演变和发展，是中国封建专制主义伦理思想和儒家义利观走向成熟化、定型化的一个准备阶段，反映了中国封建社会由前期向后期转变的社

---

　　① 张传开，汪传发. 义利之间：中国传统文化中的义利观之演变［M］. 南京：南京大学出版社，1997：63-66.

会历史发展趋势。

二、韩愈的仁义本性观

随着佛教和道教的日益兴盛，儒家的正统思想受到挑战。到唐代中期，为了重新确立儒家的正统地位，恢复儒家思想对社会生活的指导价值，韩愈等人掀起了拒斥佛老、复兴儒学的社会思潮，对中国传统社会的政治和伦理产生了重大影响。韩愈认为，佛老之学与儒家宣扬的圣王之治和君臣父子之礼相悖，道教主张的"圣人不死，大盗不止"，佛教提倡的"弃而君臣，去而父子，禁而相生相养之道"①，这一切都是对人类道德的破坏，最终会导致社会秩序混乱。他认为，君臣父子之礼、夫妇长幼之别等伦理规范是人类社会生活的应有之义，同时也是有序社会的必然要求，所以放弃儒家伦理无异于自我遗弃。韩愈认为，佛教之徒是不劳而获的寄生阶层，是扰乱社会、民穷国乱的罪魁祸首。因此，韩愈坚决主张取缔佛教，重新树立儒家仁义道德的权威。儒家道德的核心是"仁义"，即"仁与义为定名，道与德为虚位"②。因此，对佛教必须给以毁灭性的打击。在他看来，儒家的道统自尧舜开始，圣圣相传，至孟子而绝，"轲之死，不得其传焉。"③ 因此，韩愈将传承儒家道统视为己任，坚定信念和决心振兴儒学。韩愈的"道统"思想对于高扬儒家伦理价值和复兴儒学、拒斥佛老都具有积极的意义，同时，它

① 韩愈. 韩昌黎先生全集：原道 [M]. 北京：北京燕山出版社，2009.
② 韩愈. 韩昌黎文集校注 [M]. 上海：上海古籍出版社，1998：13.
③ 韩愈. 韩昌黎文集校注 [M]. 上海：上海古籍出版社，1998：18.

也被宋明理学继承和发展，成为被后世普遍认可的重要理念。

　　韩愈认为，"仁义"等观念是人的本性，在他所作的《原性》中，人性的概念得到了更系统的阐述。他在《原性》中指出，人性是人类固有的自然禀赋。但是人性并没有统一性，而是分上、中、下三种类型，即上品、中品和下品之性。上品之性，以仁义礼智信五德的某一种为主，兼有其余四德，是纯净和完美的；中品之性虽然有一种美德，但并不完整，其他四种美德混杂不纯，既善又恶；下品之性既与一种美德相悖，又与其余四德不符，"恶焉而已矣"。其中，上品、下品之性是先天注定的，因而不可改变，只有中品之性，其善恶相混，则可以通过培育和修炼变成善。显然，这种观点体现了孔子和董仲舒义利思想的传承，其超越之处在于"情"范畴的引入，并作为人性观的必要补充。他的性情三品论思想阐述了道德教化和刑政惩戒都是不可或缺的方面，为儒家德法兼施的社会治理原则提供了理论基础。

　　韩愈认为，博爱就是"仁"，遵循礼教纲常就是"义"。他认为仁义是具体的，有一定的实际内容，而道德比较抽象，需要以实际内容去充实。韩愈认为，佛、道是不讲仁义的，虽然讲道德，但无实际内容。韩愈的道统论旨在强调儒学的真理性，维系儒学价值体系，从而达到与佛教抗衡。在韩愈看来，"圣人"作为"士"的理想人格符号，一方面用自己的智慧创造了物质文明，另一方面促进了社会分工。他还从士、农、工、商"四民"出发，修正了传统儒家重本抑末的经济伦理思想。当然，在韩愈的"四民"中，虽然彼此无贵贱之分，但其所处的社会地位而言，又毕竟处于被统治的地位，反映了韩愈"四民"论的封建地主阶级本质。朱熹将读书与"利"完全对立起来，继承了以孟子为代表的原儒义利观，"韩愈的读书目的论也是孟子义利观的具体化"①。

在佛教空前发展的情况下，韩愈力图恢复儒学的唯心主义传统，编造一个"道统"以与佛教的"祖统"相对抗，而这种对抗最核心的东西，就是坚持传统的儒家伦理思想，并把它作为排佛的根本出发点和立足点。他提出的"道统"思想，其中的"道"，就是指儒家的仁义道德，即"先王之道"或"先王之教"。韩愈还区别了概念的特定内容与抽象形式，认为"道"与"德"作为抽象形式，为儒、佛、道所共同使用，但三者又相互区别，有其特定内容，就是说，各自所说的"道""德"的内涵是不同的。这是对先秦以来"道""德"这对范畴在逻辑上的发展，也是对古代伦理学理论的一个贡献。韩愈正是依据对"道"与"德"的这一逻辑分析，把儒家与佛、道对立起来。就范畴的特定内容而言，儒家讲"道""德"，是指"仁"与"义"。而佛、道则是"去仁与义"，并进一步用"公"与"私"概括了两者的区别。在韩愈那里，"义"是指君臣和父子之道，即臣民必须忠于君王，子女必须孝顺父亲。这对于抑制佛、道蔓延扩张，克服内部离心倾向，削弱藩镇割据势力，维护封建大一统中央政权，都具有重要的积极意义。

---

① 丁恩全. 韩愈读书目的论与当前大学生学业 [J]. 周口师范学院学报，2011 (1)：36.

第三节 贵义贱利观与封建制社会发展兴盛

秦汉时期，是封建地主阶级的政治、经济、道德、文化等在全国的确立、巩固和发展的一个重要时期，在经济领域发展封建经济，推行土地私有制，同时，在政治上也需要处理种种关系和矛盾。维护、巩固和发展已经建立统一的封建政权是秦汉时期统治阶级和思想家们所关注的重要问题。魏晋至隋唐时期是中国封建社会多次分裂又统一的历史时期。魏晋南北朝时期也是中国历史上十分混乱、黑暗的时期，当时社会的阶级矛盾和民族矛盾错综复杂，社会矛盾的综合发展无疑给这一历史时期带来了难以控制的政治危机，传统的道德风俗、礼仪和风俗习惯再也不能约束人们的行为，放纵和享受已经成为人们一生的追求，消极的颓废已经成为社会的主流观念。谈玄之风更为盛行，试图为打破"礼法"、冲击"名教"提供理论上的根据和论证。然而，由于以儒家思想为核心的传统封建伦理的长期积累，早已渗透到人们生活的方方面面，这就为隋唐时期以儒家义利思想为主，儒、佛、道三者的对立与融合打下了思想基础。隋朝使天下结束了南北对峙的状态，并采取了一些措施促进经济的发展。唐朝"贞观之治"和"开元盛世"时期，国家富裕，社会稳定，经济发展迅速，成为中国古代罕见的繁荣时代。然而安史之乱后，藩镇割据，社会动荡不安；到唐朝末期，社会再次陷入战争和分裂，人民流离失所。魏晋至隋唐五代期间，儒家、佛教、道教三种思想相互碰撞、相互斗争，三教共存、多元共生，在对立、融合中发展。由于传统力量的过分强大和封建政治制度的保证，儒家义利思想不仅没有失去其广泛的社会影响和社会作用，而且在儒佛道相互对立、相互融合的历史趋势中，又重新上升为正统的地位。义利观的形成植根于社会历史现实，两汉时期的社会历史状况是儒家贵义贱利观形成与确立的现实基础。秦始皇灭六国之后，建立了统一的秦王朝，结束了春秋以来长期分裂割据的局面，并在全国设置郡县，确立了中央集权制度。随后，为了巩固这一制度，秦王朝采取了一系列统一的政策。这些措施有力地促进了社会的发展。汉承秦制，并吸收了秦朝二世而亡的经验教训，汉朝初年采取无为而治，后经文景之治，到汉武帝时，国力已达到空前的强盛。秦汉确立的大一统的中央集权制成为中国古代封建社会的基本制度，大一统的观念成为中华民族的共同意识，对中国社会和中国文化产生了极其深远的影响，儒家义利观也得到进一步深化，形成了贵义贱利的义利观。

一、中央集权与封建官僚制度的建立

秦汉两朝是中国历史上第一个大一统时期，也是多民族统一国家的奠基期。在长期战乱后，汉初社会经济状况得到了好转。汉文帝、景帝时经济发展、社会安定、国库充足的景象，被历史上称为"文景之治"。汉武帝在位 54 年，是西汉经济最为繁荣、国家最为强盛的时期。西汉时期铁农具的使用已相当普及，农民已有深耕溉种的经验。当时的耕作方式以牛耕为主，也有马耕。冶金业也大发展起来，到西汉后期，铁兵器和铁器皿基本取代了铜兵器和铜器皿。农村的家庭手工业和小手工业已遍布全国，还有大规模的冶铁业和煮盐业。西汉时期商业发展迅速，全国范围内形成了十几个大的经济区，商业经营的范围极广，商品种类繁多。由于社会经济发展以及中小城市兴起，交通运输业也得到了发展。东汉时期，铁制农具的种类增加，器皿的形状也有所改进，牛耕较为普遍。东汉时期官府比较重视水利设施的兴修，各地一些渠道被挖掘和修复，这对农田的灌溉和运输起到了很大的作用。东汉时期，手工业较为发达，主要是铸铜、冶铁、纺织、煮盐、造纸等，其中大部分以私营为主，生产技术比西汉更先进。随着手工业和农业的发展，商品生产较为丰富，但地主庄园仍存在，自然经济特征突出，商业发展受到限制，因此东汉商业发展的特点是既发展又不是很繁荣。商品往来关系的发展也促进了交通运输的发展，这使中原与边疆地区的水陆交通都得到了发展。

"汉承秦制"，通过战争，西羌、南越和西南夷地区相继并入汉朝境内，并建立了郡县。西汉初期采取"与民休息"的轻徭薄赋政策，东汉早期采取稳定民生的政策，这都有利于经济复苏和发展。除了农业之外，商业和手工业也得到了显著的发展，这使各地出现了一些繁荣的大中城市。南越和西南夷并入中原版图以来，汉族的先进生产力相继传入，极大地促进了南方地区经济的发展。到了东汉时期，南方地区得到了进一步开发，南北之间的差距逐渐缩小。

汉代长期强盛，经济持续发展，社会文明程度达到那时世界先进水平，标志当时的中国封建社会正处于上升时期。①

秦汉时期的生产和科学技术有了极大的发展，大一统的确立意味着分裂的结束和战争的暂时平息，经历了长期战乱的人们才有可能把精力投入生产。秦汉以后，封建土地所有制进一步完善，农民拥有自己的土地，提高了生产的积极性，农业和手工业生产都有长足的进步。特别是汉初朝廷采取的"与民休息"的政策，为生产的恢复和发展提供了一个比较宽松的环境，促进了生产的发展。随着汉代科学技术的飞速发展和科学实践的不断深入，汉代产生了丰富的科学思想和大量的科学成果。在天文历法方面，西汉时就有了日食观测记录。天文历法的发展促进了汉代天文学理论的进一步发展，产生了盖天说、浑天说、宣夜说等天文理论。著名科学家张衡不仅创立了浑天说，而且制作了观测天象的浑天仪，人们对宇宙结构的认识越来越深入。汉代的数学、医学、物理学、化学、生物学都有了较大发展，如数学上的《九章算术》、医学方面的《黄帝内经》和《神农本草经》、物理化学方面的《周易参同契》、生物学方面的辞书《尔雅》等。科学技术的发展是生产发展的产物，它又反过来促进了生产的发展。但是，社会上的各种矛盾斗争仍然很激烈，土地私有和自由买卖，经过一定时间的发展，贫富悬殊逐渐扩大，造成了一个拥有大量土地的地主阶级，而农民只有很少的土地甚至没有土地。他们不仅要向地主缴纳地租，而且承担着国家的沉重徭役和赋税。秦始皇修驰道，建立阿房宫，筑长城征集了全国很

① 翦伯赞.中国史纲要：上册［M］.北京：北京大学出版社，2006：64-68.

大一部分劳力，人们生活不堪忍受，故爆发了陈胜吴广起义。刘邦乘乱夺取了政权，起初实行无为而治的政策，但社会矛盾并未从根本上解决，且随着社会的发展进一步激化，终汉之际，大小农民起义不下百余次，著名的有绿林军、赤眉军和黄巾起义，汉王朝即在黄巾起义中覆亡。

儒家贵义贱利观植根于两汉时期的社会历史现实。汉代新儒学的代表董仲舒处在文治武功成就卓著的汉武帝执政时期。汉初行黄老之术，无为而治，休养生息，使社会经济得到了迅速恢复和发展。到武帝时期，社会繁荣，国力强盛。武帝以文治武功著称于世，主观上也极为好大喜功。他外拓疆土，内强皇权，把封建中央集权制推向了新的发展阶段。这也是一个崇尚功利的时期，但此时的尚功利是由皇帝强化封建大一统的文治武功体现出来的，不存在春秋战国之际的"无义战"。以董仲舒为代表的汉代新儒学是这一现实的反映，其思想意向主要是维护汉王朝集中统一的封建统治，进一步强化了重义轻利的义利观，提出了"正其谊不谋其利，明其道不计其功"，其整体义利思想转变为贵义贱利了。"人们的意识，随着人们的生活条件、人们的社会关系、人们的社会存在的改变而改变"①，儒家重义轻利观向贵义贱利观的转变，也是由社会历史条件的变化所决定的。秦汉时期伦理思想的发展经历了一个过程，具体为：从反思法家、重视德治到崇尚黄老，再到对儒家伦理思想的专属尊崇。从唯物史观来看，伦理思想包括义利观是社会现实的反

---

① 中共中央马克思恩格斯列宁斯大林著作编译局.马克思恩格斯文集：第2卷［M］.北京：人民出版社，2009：50-51.

映。经过春秋战国时期的社会变革，以及秦汉之际封建制的演进，男耕女织的小农经济普遍形成，并成为封建社会统治的经济基础。与此同时，原来的氏族宗法体制逐步解体，郡县制代替了分封制，确立了君主专制主义的中央集权制度。但地主化的六国旧贵族却以个体家族的形式存留下来。因耕、战有功而发迹的军功地主以及官僚地主、"经术传家"（儒宗）等新贵族也一批批产生出来。他们通过任子制、论族性选士等途径，形成按血统世袭特权（宗法与特权的结合）的望族世家，与原来的宗法性旧贵族一起，形成了一个个强宗豪族。这些宗族各霸一方，成为封建政权的主要支柱。这样，封建制取代奴隶制之后，就形成了一种以一姓一家为组织形式的地缘性新宗法制度——家庭宗法制度，这种制度将家庭及其内部成员凝聚成一个个组织良好的宗法共同体。作为新的社会组织基本形式的宗法共同体，可以发挥其顽强的再生功能，凭借人口自然增长在各地区建立起来，这对调节社会关系和稳定封建秩序起着重要作用。因小农家庭依附强大的家族而存在，它既是劳动力的丰富来源，又是社会生产的直接载体。因此，保持这种封建的社会结构有利于保障小农生产的进步，巩固农业与手工业相结合的自然经济，这也是汉代统治者提倡"孝悌力田"的根据所在。同时，家庭宗法制度已成为巩固封建统治、维护社会稳定的有力杠杆。以仁义为核心的儒家伦理思想的基本功能是维护宗法等级制度，这在新的历史条件下只需稍加改造即可被用来作为巩固封建统治的思想工具。这一改造就是通过对秦亡教训的总结和思想斗争，由陆贾、贾谊等思想家到董仲舒而告完成的。总之，儒家思想被定于"一尊"，是历史的选择，这在中国古代伦理思想史上具有重大意义。从此，儒家义利观也注入了新特点——以"三纲五常"为核心的儒家伦理思想，把"天人合一"与"阴阳五行"结合起来，展示了神学宇宙观，并赋予封建道德以至高无上的神圣品格，从而建立了庞大的神学唯心主义伦理思想体系。

根据历史唯物主义的理解，道德是历史的、具体的，有什么样的社会存在，就有什么样的社会道德。为了实现自己称霸天下，建立一番丰功伟绩的抱负，汉初统治者寓儒家仁义于道家无为之中的"与民休息"、清静而治的思想已不能使其满意，急于需要一种新的能加强中央集权实现大一统的政治局面的思想学说。经过与道家、法家的长期斗争，儒家义利观最终成为汉代封建统治思想的核心，中国的新兴封建地主在建立与自己的经济利益相适应的意识形态时，最后选择确立了儒家义利观，这也是意识形态由经济利益决定的体现。儒家义利观在汉代尽管被奉为统治思想，取得独尊地位，但法家重视物质利益的观念以及道家无为而治的思想并没有完全消沉或消亡，而是起着不断地补充儒家义利观或者平行发展互相争辩的作用。儒法道三家的斗争在汉代时隐时现，时而尖锐时而缓和。它们各有所长亦有所短，从客观上说有一个需要互相辩难以形成互补的机制。汉代的许多伦理思想家不同于先秦诸子的方面，就在于他们都十分注重以某一学说为主，同时博采众长，注重融会贯通，在他们的价值观和义利观中往往是既有儒家的因素又有法家的因素，同时还可能具有道家的色彩。如果说陆贾的义利观体现了把儒家仁义与道家重无为的思想统一起来的倾向，那么贾谊的义利观则试图将儒家的义利思想同法家的义利思想结合起来。即使主张"罢黜百家，独尊儒术"的董仲舒，其义利观也吸收了阴阳家、道家以及法家义利思想的合理因素，提出了"正其谊不谋其利"的伦理价值观。东汉时期的王充更是汇通百家之学，其义利观是一种在综合各家学说基础上的再创造，提出了"谷足食多，礼义心生"的义利思想。盐铁会议上的贤良文学派和大夫派各执一端，无疑具有把儒家与法家对立起来的倾向，但是贤良文学派重道义并不完全反对重利，他们对民众之利、社会之利亦是重视的；大夫派重功利并含有为商人之利辩护的因素，但是大夫派亦主张对求利的行为有所节制和规约，并把利国置于利己之上。两汉时期的伦理思想及其义利观，由于同总结秦亡汉兴的经验教训及其谋求长治久安的治国方略相关，因此自始至终贯穿着一种批判现实主义的精神，体现出一种强烈的忧国忧民的忧患意识。陆贾、贾谊等人提出的"前事不忘后事之师"以及王充对门阀等级制的批判，还有盐铁会议中贤良文学派与大夫派关于富民与富国、本富与末富关系的认识，都给人们一种忧国忧民的教育，是人生发出一种为国分忧、为民请命的理性情感。两汉时期的义利思想，浸润着安定与发展、治国与强国、富民与教民、继往与开来的关系，反映着中华民族寻求如何既使社会稳定又使社会发展，既使人民安居乐业又使人民发奋图强、积极向上的价值目标的努力。这一时期的义利思想由于联结和贯通着本末体用之辨，因此牵涉到的不仅仅是指导人立身行世的伦理思想，而且包括经邦济世的经济思想和治国思想。经过两汉时期的义利之辨所确立起来的重本轻末、重农轻商思想，对于中国古代社会的运行和经济的发展产生了巨大而深刻的影响。

二、封建制社会发展与民族融合

魏晋至隋唐时期，是中国的封建经济逐步恢复并取得较大发展的时期。北魏统一北方以来，北方的经济逐渐复苏，均田制的实施也进一步促进了经济的发展。隋朝结束了南北对峙后，更是采取了一系列有利于经济发展的措施。又经过唐代的"贞观之治"和"开元盛世"，社会稳定，国家富强，经济快速发展，中国古代进入了少有的繁荣时代。这一时期也是中国历史上一个民族大迁徙和大融合的时期。魏晋以前，黄河中下游地区人口的主体是汉族。魏晋时期，一大批北方少数民族相继南迁至华北地区。到了南北朝时期，民族融合不断发展。与此同时，为了躲避战争，中原地区人口逐渐外流，一些难民迁移到西北部的河西走廊，更多的难民向南迁移到长江流域、闽江流域和珠江流域。魏晋南北朝时期，由于少数民族进入中原，致使大量汉族人口迁入少数民族地区，进一步促进了民族融合。而隋唐又继续实施了南北朝时期的政策，使各民族的交流与融合趋势更加明显。汉族和少数民族之间不仅有血统的融合，还有文化的碰撞与融合。唐代是中国封建社会进一步发展的时期，在将近300年的历史发展中，政治制度、经济制度、社会组织、艺术生活和宗教等领域都发生了广泛而深刻的变化，一度成为当时世界上最文明、最繁荣和最强大的帝国，这得益于经济体制方面的各种变革。面对残破的社会经济，为了恢复生产，保证封建租税的收入，唐武德七年（624 年）颁布了均田令和租庸调法，促进了唐初农业生产的恢复和发展。安史之乱之后，整理财赋制度和推行两税法，扩大了赋税杂税，增加了财政收入。魏晋至隋唐时期是中国封建社会的世族阶层从鼎盛到逐渐衰落的时期。这一时期中国社会生产方式和经济、政治等方面的状况，使得这一时期的义利思想出现了新的趋势，儒家思想不再拥有一家独尊的地位，佛教义利思想、道家义利思想和玄学义利思想陆续出现，使魏晋到隋唐时期的义利思想呈现出多元化的格局。从魏晋到隋唐五代的 700 多年里，人们逐渐不再独尊儒术，儒、释、道三大义利思想相互碰撞、斗争，三者共存，多元共生，在对抗中融合和发展。

现实的社会生活是思想文化的土壤，任何一种学说的产生、存在和发展都与现实的社会生活相联系，它能不能成为社会思想的主流，取决于时代的需要，特别是取决于统治者的需要。儒学以维护现存的社会生活秩序为己任，因此儒家确立的贵义贱利观，也与社会生活的状况密切相关。在社会动乱的时候，原有的社会秩序被打破，各种政治势力在斗争中进行重新组合，强调纲常秩序的儒学就不被重视；而当某个政权已经稳定，要重新建立新的社会秩序的时候，统治者往往就将儒学又重视起来。隋唐时期在经历了大动乱之后的统一时代，和此前的魏晋南北朝相比，它也需要儒学来维护社会秩序，所以，儒学就有了一定的复兴。但是，由于特殊的历史原因，在隋唐时期形成了三教鼎立的局面，儒学无法一统天下，其发展就远不如汉代和以后的宋、明、清时期。儒学自从在西汉被定为一尊，就成了中国传统文化中的核心主干，占据着中国古代社会意识形态的统治地位。因此，在数百年的历史时期之内，在学术方面，儒学也是发展最有成就的学派。但是，这种辉煌并没有连续，在汉初，高祖皇帝就曾经声言他的天下是从马上征战夺得的，用不着儒生。但后来认识到马上得之而不能马上治之的道理，才接受儒学。这件事说明一个道理：儒学是以维护社会秩序为根本目的的。而且，由于它的思想深深地植根于中国古代小农自然经济和血缘家庭的土壤，与中国历史的生活现实十分接近，因而是当时最有效的安邦济民的学说。但是，在社会动乱时期，这一学说就不符合现实生活的需要，特别是不符合争夺政权的政治势力的需要。所以，在这些时期，儒学往往就被束之高阁。汉以后，中国一直处于社会动乱时期，儒学的传统时常被打破，所以，才出现了魏晋时期的玄学和佛教的兴起。隋唐时期最有影响力的学术流派是佛教，虽然儒学也得到了隋唐统治者的支持，但它的发展充满了起伏。全国统一后，隋文帝为了巩固政权，建立了新的伦常秩序，多次下诏提倡儒学。经历战乱之后，儒学的作用丧失殆尽，社会生活秩序严重失范。针对这种情况，隋朝要重新建立社会生活的正常秩序，在当时的所有学说中，儒学具有明显的优势，于是，隋朝就开始整顿社会，提倡儒学。为了更好地进行儒学的教育，促进儒学的复兴，隋文帝便令杨素等人重新整理和修订"五礼"。炀帝继位后，继续推行提倡儒学的政策，并扩大学校的规模，广征贤良。在政府的大力支持下，隋代儒学比较前朝有了一定程度的复兴。但是，隋朝皇帝特别崇信佛教，对佛教的支持力度更大，而对儒家思想持贬损态度。在唐代，统治者比隋朝更支持儒家思想。立国之初，唐高祖李渊就注重复兴儒学，于国学立周公孔子庙。唐太宗李世民特别注重吸取隋朝灭亡的教训，他明白得天下易守天下难的道理，并强调社会生活秩序的稳定。他对儒家思想有着特殊的爱好，因此在继位之前，他就有意提倡儒家思想。唐太宗是以武力夺取天下的皇帝，他能够如此关注儒学，并热切地学习儒学，在开国的君主中实属难得。正是在朝廷的大力提倡之下，儒学在唐代就有了比较兴旺的发展，而儒家义利观也得到了较大发展。总而言之，汉唐时期的政治、经济、文化的统一，为伦理道德的标准化、主流化提供了平台。就义利思想变动格局而言，它表现为一个由多样性向统一性运动的态势。其中，儒家贵义贱利观因其所具备的实用性适应了封建地主阶级巩固政权、维护稳定的需要，成为中国传统社会的统治圣谕，此时儒家义利观已不是先秦儒家思想的原型，而是糅合了道、法等各家观念的新型儒家学说。

总而言之，汉初统治者总结秦王教训，推行与民生息的经济政策和以仁义为本的治国原则，促进了国民经济的恢复和社会的稳定。经过几十年时间，社会经济呈现繁荣景象。汉武帝凭借文景之治以来积累的物力、财力和军力，致力于巩固和加强中央集权，实现封建大一统的大业。汉初统治者为了实现自己称霸天下和建立一番丰功伟绩的抱负，急于需要一种新的能加强中央集权，实现大一统的政治局面的思想学说。此时，汉武帝诏举贤良，采纳了董仲舒提出的"罢黜百家，独尊儒术"的建议，把儒家思想作为治国平天下的正统思想，为儒家贵义贱利观的形成奠定了重要的社会历史基础。儒家重义轻利观向贵义贱利观的演变是一个社会历史过程，即贵义贱利观是对重义轻利观的继承和发展。封建统治者从秦亡的历史教训中认识到儒家思想对于治国安民的特殊价值，再到将儒术定为独尊，主张"义"，不谋"利"，即"正其谊不谋其利"，标志着儒家贵义贱利观的初步形成。正如马克思、恩格斯在《德意志意识形态》中指出，统治阶级的思想在每一个时代都是占统治地位的思想。①

---

①　中共中央马克思恩格斯列宁斯大林著作编译局.马克思恩格斯文集：第1卷［M］.北京：人民出版社，2009：550.

第三章

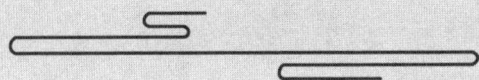

宋至明中叶儒家尚义反利观

中国从唐中叶开始向封建社会后期发展阶段转化，儒、释、道三教长期斗争、交流与融合，对中国古代义利观的发展起到了推动作用。中唐以来，以儒学为主体的儒、释、道三教合流的新儒学逐步形成，宋明理学义利观便是在此基础上产生的。宋明理学义利观是中国伦理思想发展史上的一个重要阶段，它不是伦理思想史上的一个流派，而是指横贯宋元明三个朝代的社会思潮。而南宋以后，它被封建统治者奉为官学，统治社会意识形态达六七百年之久，对我国古代政治、经济、文化的发展产生了极其重要的影响。宋明理学适应了中国封建社会晚期地主阶级统治的需要，使儒学以新的形式重新获得了"独尊"地位。理学义利观的出现，使传统儒家义利思想获得了完整的理论形态，达到了发展的最高阶段，形成了义利对立的尚义反利观。

第一节　理学先驱者的义利观

理学的奠基工作主要是由北宋的周敦颐、邵雍、张载等思想家完成，理学的奠基实质上也是宋明理学思想及其义利观的奠基。理学义利思想是由周敦颐开创，邵雍、张载展开，到程颢、程颐初步体系化。其主要中心问题是义利、理欲关系，这也是理学奠基时期的鲜明特点。周敦颐的无欲主静说、邵雍的王霸义利说、张载的天理人欲说等都从不同方面体现了这一特点。

一、周敦颐的无欲主静说

太极生阴阳，阴阳生五行，五行生万物和人，这是周敦颐创立的"无极而太极"的宇宙进化论。他还通过这一宇宙演化顺序，提出了"万"与"一"的关系和"立人极"的思想。周敦颐是理学的开创者，在儒学史上占有重要的地位，其贡献主要表现在建构理学本体论上。

周敦颐提出了"以诚为本"的道德本体论。他说："诚，五常之本，百行之源也。"[①]"诚"是万物性命之本原，并作用于万物始

---

①　周敦颐. 周子通书［M］. 上海：上海古籍出版社，2020：32.

终的全过程。他提出"诚者，圣人之本"①的命题，意在通过立"诚"来加强道德践履的自觉性。周敦颐认为，"诚"是"寂然不动"之体，"神"是"感而遂通"之用。人性就其本体来说，是寂然不动的，"诚"就是"寂然不动"之谓，"诚"的这种"寂然不动"的特性表现在主体的思想处于"无妄"状态，"无妄则诚焉"②。"无妄"的道德修养方法是"无欲"和"静虚"。主体要做到"诚"这一精神境界，关键之处在于主体是否能够做到"无欲"，这个"无"不只是指一种状态或结果，而且是指主体"去欲"的过程，要达到"无欲"的精神境界，首先必须"去欲"。周敦颐提出"以诚为本"，最终归于主体的"无欲"，这无疑是对孟子"养心莫善于寡欲"的继承和发展。周敦颐反对利益的最直接表现是，他把没有欲望作为一个重要标准。他指出，"无欲则静虚动直。静虚则明，明则通；动直则公，公则溥。"③周敦颐提出的"无则诚立"思想，实际上为"存天理，灭人欲"定下了思想基调。

周敦颐重视修身，认为修身是治天下之本，"立人之道，曰仁与义"。周敦颐的主静就是循理，从他的宇宙论来看，太极是静，阴阳是动。从人性论来看，诚是静，物是动。主静，就要循诚而动，循理而行。主静的另一说法就是慎动。符合中正的原则而又不违仁义礼智信的动，这就是道德。实际上，周敦颐的主静就是去

---

① 周敦颐. 周子通书 [M]. 上海：上海古籍出版社，2020：31.
② 周敦颐. 元公周先生濂溪集：第4卷 [M]. 北京：北京图书出版社，2003：1.
③ 周敦颐. 周敦颐集 [M]. 长沙：岳麓书社，2007：75.

欲。周敦颐是最先为理学理论形态建立宇宙论架构的人，提出了"无极而太极"的宇宙论。他的目的在于使宇宙论与道德论相互贯通，并且用宇宙论解释道德论。周敦颐阐述了万物之中只有人得于宇宙灵秀，最为聪明。面对人间的善恶与万事，圣人确定了"中正仁义"的原则，而以静为之主宰。他认为，作为圣人之本的"诚"是"寂然不动"的，所以只有主静才能达到与"诚"合一的境界，也才能"立人极"，而主静（静虚）在于"无欲"，就是学圣之要在于"无欲""虚静"。他通过天道与性命的关系，论证了"诚"具有天道的本质属性，进而为儒家道德本体论奠定了天人合一的哲学基础，并论证了儒家"诚"思想与"天"道德相一致，为维护封建统治提供了理论依据。这一理论表明了儒家的心性论与佛教心性论的本质差别，发展了先秦儒家的"天人合一"思想。

二、邵雍的王霸义利说

邵雍创立了神秘的"先天学"，就是先天而存在，并创造了天地的原理，把太极（道、心）作为宇宙的本源。他认为，先天之学所谓的"心"不仅仅限于人心，而是指天地万物之心，乃至人心。邵雍重视道德修养，他认为润身，即道德修养，是君子之学的根本，其余都是次要的，而润身最重要的又在于养心。心在邵雍那里，具有多种意义，有时是指主观意识，如说"为学养心"①；有

① 邵雍. 皇极经世书 [M]. 郑州：中州古籍出版社，1993：433.

时又等同于道和太极，如说"心为太极"①。在邵雍那里，当他把心解释为主观意识时，是指太极或道在人身上的体现。这样，所谓养心，就是指保养得之于天、体之于身的先天的善性。在邵雍看来，君子不仅不能有违反封建道德的言行，甚至不能有违反封建道德的思虑。他认为，慎独所以必要，在于鬼神不可欺。邵雍的道德修养论明显带有神秘色彩。在邵雍的哲学体系里，"太极"与"道"是同等的范畴，"道为太极"②，道是万物的本源。邵雍认为，人能尽天地万物之道，在于"心"，即"心为太极"。他指出，"道为天地之本，天地为万物之本"③，人和万物虽都是天地的产物，但人与物之性是不同的，人兼有万物之性，因此人为万物之灵。而圣人又兼有万人之性，把圣人说成是高于万人之上的人。在邵雍看来，圣凡的区别正像人与万物的区别一样，是天生的本性决定的。

邵雍把历史上的义利之辨与王霸说结合起来，提出自己的王霸义利说，开了宋明王霸义利之辨的端绪。邵雍把历史分为四个时期：皇、帝、王、霸。"三皇尚贤以道，五帝尚贤以德。子三王，尚亲也；孙五伯，亦尚亲也。三王尚亲以功，五伯尚亲以力。"④ 三皇是以道化民的，五帝是以德教民的，三王是以功劝民的，五霸是以力率民的。他认为，德治不如道治，政治不如德治，力治不如政治。对于历史，邵雍和老庄是有共同语言的，他们都把人类的历史看成是由三皇五帝逐渐坠落下来的历史。所不同的是，老庄认为堕

①　邵雍. 皇极经世书［M］. 郑州：中州古籍出版社，1993：425.
②　邵雍. 皇极经世书［M］. 郑州：中州古籍出版社，1993：319.
③　邵雍. 皇极经世书［M］. 郑州：中州古籍出版社，1993：253.
④　邵雍. 皇极经世书［M］. 郑州：中州古籍出版社，1993：265-266.

落的原因是由仁义之治和法术之治造成的，老庄所要谴责的是儒家和法家的仁义法术之治。邵雍则认为堕落的原因是由崇尚功利造成的，他所要谴责的是进步思想家的功利思想。邵雍指出，人类社会的历史与天道的运行是一致的。邵雍的皇帝王霸说，在一定程度上受《道德经》"道、德、仁、义、礼"五种社会形态循环递进之说的影响，但又不主张循环说，而是他的阴阳消长的天道观的延伸。

邵雍认为养心安身的内圣与利欲的外物，是内重抑或外重的问题，"义重则内重，利重则外重"①。在邵雍看来，"利"是乱世害人的根源，即"义"可贵而"利"可贱。他指出，以利为心，则虽父子天性之亲，也如同路人，更何况非父子之亲的路人！以义为心，就是非亲非故的路人也亲如父子，更何况本来就有骨肉之亲的父子！故以利不以义，就可导致臣弑其君，子弑其父。因此，邵雍认为，"仁因义而起，害因利而生"。这就完全把"义"和"利"对立起来，以"义"去否定"利"。由此，邵雍主张以仁义道德治天下，在他看来，吴、越、楚、秦亡国相继，完全是以力不以德，以"利"不以"义"，恃强凌弱，不顾德义，贵利贱义，那是没有不亡之理的。邵雍的这些观点，对宋代的理学产生了深刻的影响，它孕育着程朱的"三代专以天理行、汉唐专以人欲行"的历史退化论。

---

① 邵雍. 皇极经世书［M］. 郑州：中州古籍出版社，1993：436.

三、张载的天理人欲说

张载属于唯物主义者，提出了"气"一元论，即气是世界的本原。他在自然观方面的思想与其他理学家不一致。张载通过"理欲"关系来论证"义利"关系，首次划分"天地之性"与"气质之性"，提出变化气质的主张。他指出，"天地之性"是天地赋予人和万物的固有属性。张载虽然主张"天理"与"人欲"之间的相互对立，但是他并不主张"灭欲"，而是提倡"寡欲"。在张载看来，男人和女人的欲望是无法熄灭的，而"寡欲"就是"克己"。

张载是宋明理学元气本体论的奠基人，他的"太虚即气"理论是其伦理思想的本体论基础。"太虚"原本指的是天空，张载用它来表示气的原始状态。他认为气有聚散两种形式，弥漫之气是气的原始形式，称为"气之本体"或太虚。气聚形成有形之物，气散是太虚的本体，一切有形的东西都只是暂时的物质形式，只有太虚的本体才是永恒的存在。"气之聚散于太虚，犹冰凝释于水，知太虚即气，则无无。"① 太虚规定了万物和人的本质。他说，"太虚无形，气之本体；其聚其散，变化之客形尔"②。人作为一种具体而有形的存在，是由气构成的。禀气而生，有形才有气质，所以人有气质的本性；然而，归根结底，有形之气只是无形本体之气积累和分

---

① 张载. 张载集. 正蒙·大和篇 [M]. 北京：中华书局，1978：8.
② 张载. 张载集. 正蒙·大和篇 [M]. 北京：中华书局，1978：7.

散的暂时形式，而本体并没有增加或失去它，因而人也具有太虚本体之性。换言之，人性具有二重性，即源于性情的自然属性与源于太虚本体的道德属性的统一。前者是"气质之性"，后者是"天地之性"。张载认为，"天地之性"是普遍永恒的本体，是纯善无恶的一种潜在的、静止的本性；"气质之性"是人和物形成之后所具有的可变的自然属性，因人和物各自禀受阴阳二气的不同而有所不同。① 这种以人性为本体和气质的道德理性与自然感性相统一的观点被称为"人性二元论"，这是张载对中国伦理思想发展史的理论贡献。

"德性之知"是张载提出的。他认为，"德性之知"作为一种高级认知，其根本目的是"穷理尽心"。耳目外有物，这是对感性认识局限的深刻认识。自诚明则是先立诚。"尽性"，然后再学习；"穷理"，由主观的修养、体验而得于万事万物之理。用现代哲学语言说，即先端正主体，然后再认识客体；能够树立纯正的主体，自然可以观照客体，认识万事万物的本性。从认识论的角度看，自明诚相当于归纳推理的方法，通过认识事物，然后将所获得的认识推于其他事物；自诚明相当于演绎推理的方法，即将自己本心中的固有之知推移于他人他物。总之，德性之知是指人通过道德修养达到一种最高的精神的境界。张载强调人与天的一致性，并提出人能够通过"诚明"来实现天人合一，此时人与物的界限已不复存在，人已经与天地万物一体。可见，视听知识是感性知识，德性知识等同于理性知识。根据一般认识论的观点，后者应该建立在前者的基础

---

① 王慰. 论张载变化气质之功夫 ［J］. 广西社会科学，2011（2）：41-42.

上，后者是对前者的概括和升华，但这在张载的认知里却并非如此。张载认为，视听知识和德性知识不仅有性质的差别，而且相互之间没有中介的环节，见闻之知是德性之知的障碍。他说视听知识只能识别事物的表面现象，如果我们把闻见当作知识，它会阻碍我们尽心知性，德性之知本于先天的良善之心，不假外求，所以闻见适足以累其心。这种先天的德性的知识不是从听觉和视觉中产生的。德性的知识不是基于嗅觉、视觉和感觉，而是与生俱来的美德良知。我们知道所有的知识都必须建立在感性知识的基础上，张载将德性知识与感性知识的关系分离，因此它不是一种真正的理性认识，而只是一种彻底的理解。他强调人们不能以气质之性为性，而应当追求复归于"天地之性"。"天地之性"则是超越了个体存在的宇宙万物的共同本性，是"本体之性"。"性者天地万物之一源，非有我之得私也。"① 气有"湛一"和"攻取"二性，"湛一"即"天地之性"，而"攻取"则为气质之性。所以，"天地之性"是人的超越的本性。由于这种先天的人性论比以往的人性论更深刻、更精致，故能够成为理学人性论的基础。

在张载那里，"天理"与"人欲"的问题尚不十分突出，因为他认为构成整体人性的"天地之性"与"气质之性"来自一元之气，因此在处理"天理"和"人欲"的关系上，他也不同于程朱理学。然而，在伦理学的范畴内，张载的"理欲观"也体现了作为理学创始人的特征。所谓"天理"，实际上是对包括"诚""仁"等"无不善"的封建道德意识的"天地之性"的概括。张载的道

---

① 张载. 张载集·正蒙·诚明篇 [M]. 北京：中华书局 1978：21.

德修养理论是以人性论为基础的。他坚持人性是人的自然属性和道德属性的统一，但对二者的评价不同。他认为只有道德属性才是人性，自然属性不能作为人与动物区别的根本规定。张载说，变化气质并不是简单地说气质必须改变，而是强调气质在外部环境的影响下可能会发生不良变化，所以发生剧烈变化的气质会发生逆转，复返其"天地之性"。每个人都有"天地之性"，"天地之性"规定了人的完美的可能性，这是人的道德修养的基础。然而，本体之气聚为有形之气，"天地之性"也表现为性情之性。因此，人们有可能被气质蒙蔽双眼，也可能受到外来物的影响，这表明人们进行道德修养的必要性。道德修养的方法就是把握天地的本性，觉察至善的本性，抵制和消除习气对人的污染和欺骗，让人们回归固有的至善本性。由此可见，张载所说的变化气质就是为了培养一种豪放的意识，坚持人高于草木的湛一之气，化却习俗之气性，抵制习俗之气，以复返于"天地之性"。张载继承和发扬了心怀天下、经世济民的儒学传统，将个人的发展与社会的完善紧密地联系在一起，"为天地立心，为生民立命，为往圣继绝学，为万世开太平。"这种具有深刻历史使命感和责任精神的话语，表达了张载的人生抱负，同时也被后世儒家引为座右铭。

第二节　尚义反利观与宋明理学

宋至明中叶，是儒家义利观的深化与成熟时期。宋至明中叶，无论是本体论、认识论，还是义利学说，宋明理学所取得的理论成就都远远超过了它的前代。它以儒家思想为主干，吸收了玄学、佛学和道教的思辨特点、思想认识和修养方法，是古代伦理思想的全面总结。宋明理学标志着中国封建社会意识形态的最后完成。一个社会意识形态的最后完成往往要晚于它的经济基础的确立。中国封建社会的意识形态的基本方面，秦汉时期即已初步确定，之后受到佛教的外来冲击，到宋明时期才最后建立自然、社会、人生高度统一的系统而宏大的思想体系。故后来对封建思想的批判，主要是对宋明理学的批判。宋明理学是封建社会后期的新儒学和官学。自西汉董仲舒提出"罢黜百家，独尊儒术"，儒家思想就受到了历代统治者的重视，但由于理论上的不完备，其独尊地位并不巩固，魏晋玄学倡导老庄思想，隋唐时期又出现三教鼎立，直到宋明理学的建立，儒家思想在意识形态的统治地位才真正得以巩固，不可动摇，并成为官方的御定统治思想。宋明理学是儒家伦理思想发展史上的高峰，创立完善于两宋，变形发展于元明。学界对宋明理学义利观具有不同的认识观点，有学者认为是"义利对立"，也有学者认为是"利以和义"，还有学者认为是"崇尚公利，批判私利"。杨树森指出："宋明理学的义利观将义与利完全对立起来。"① 在价值观方面，由于理学思想家特别关注传统儒家的"义利之辨"，并将之本体论化，赋予"义"以"天理"的行上承诺，从而使"义"与"利"之间的对立达到了一种不能两立的状态，将"义"作为人们行为的唯一价值取向。②

一、宋明理学义利之辨

理学是指宋明清初的哲学思潮，但并非所有的人都以理学来概括，如国外及中国香港、台湾地区的一些人使用"宋学"和新儒学，而冯友兰则使用"道学"。从本质上讲，宋学、理学和道学、新儒学所指的对象都是一样的，比较通行的就是道学和理学。"道学"一名出现比"理学"早。理学是在特定历史条件下出现的哲学思潮，它以性命义理为核心，是一种思辨哲学，在认识论、宇宙论和道德学说之间具有高度的统一性。理学一开始就是以一种哲学思潮而出现的，它并不能作为宋明哲学的统称。理学是以理为核心的哲学形态，依据理的性质区别，可以划分理学内部的各个学派，如程朱认为理是天地万物的本原，陆王宣扬心即理，而张载、王夫之则主张理依于气，气是天地万物的本体。理学的中心理论问题，即气与理、心与理、穷理尽性等，是这些不同的派别共同关心和讨论的问题。理学的理就是本体论范畴，又具有认识论意义，同时又

① 杨树森. 论儒家义利观的历史演变及现代意义 [J]. 社会科学辑刊，2001（2）：21.
② 唐凯麟，陈科华. 中国古代经济伦理思想史 [M]. 北京：人民出版社，2004：317.

是道德伦理范畴。所谓天理，既是世界的本原，又是最高的伦理原则；既是对理的认识，又是道德修养的途径。对天理的体认不仅能穷究万物的根源，而且能实现天人合一，再现人们至善的道德本性。宇宙的本体又是伦理的本体。封建的道德原则在宇宙论的构筑形式下获得了绝对权威，它比赤裸裸的天命论更加能征服人心。因而，这种哲理化的道德说教更能适应统治者维护封建纲常的需要，得到封建统治者的大力推广。同时，理学又是高度思辨的哲学。它所讨论的范围比过去的儒学要广得多、深刻得多，特别是它一反旧儒学重人伦轻本体的传统，把整个哲学包括宇宙论、认识论和伦理学都建立在坚定的本体论基础之上。在这里，本体论带有明显的伦理学色彩，而伦理学又上升到了本体论的高度。其次，理学各派哲学具有完整、严密的逻辑思辨结构，各种学说都能自圆其说。

宋明的理学义利观虽然包含了一些有利于处世做人和个人修养的合理因素，但总体上是不够的，因为它们切断了义与利的联系，片面夸大了义与利的区别，这无疑具有形而上学思维方式的特征。他们把"利"界说为人欲之私是极其错误的，没有看到"利"的不同含义和层次。程颢认为，天下之事唯有义和利，并区分公利与私利；朱熹把"义利之说"提到"儒者第一义"。在处理义与利的关系时，宋明理论家明确地将义与利对立，主张无论利益与危害如何，只看义当为与不当为。同时将"义利"之争发展为"理欲"之争，即"天理人欲"之争，倡导"明天理，灭人欲"。在朱熹看来，圣贤的千言万语就是教导人们明天理、灭人欲；王阳明也说："圣人述六经，只是要正人心，只是要存天理、去人欲。"在北宋，反理学的李觏、王安石从富国强兵的改革目的出发，在义利观上强调功利，主张以利统义。特别是朱熹与陈亮之间曾有过一场著名的"义利王霸"之辨，其理论的深度和争论的程度是春秋以来罕见的。宋明时期的儒家义利之辨，虽然是在特定的历史条件下进行的，但由于它比较完整地吸收了前人的义利思想的成果，自身又构成了一个颇具思辨形式的理学义利观，加上它形成以后成为居统治地位的意识形态，因此它对于我国的民族文化、民族心理和风俗习惯都具有广泛、深入的影响。"义利理欲"之辨是两宋时期阶级斗争与民族矛盾在地主阶级内部改革与保守主义斗争的直接体现，因而成为这一时期伦理思想中理性主义与反理性论斗争的中心议题。

宋明理学义利观最大的特点在于它建立在义理理论基石之上，提出了义与利相互对立的观点，主张重视"义"，而反对"利"，这是一个前所未有的形而上学逻辑结构的展开环节。二程创立了理欲对立论，认为天理与人欲难于同一，提出了"窒欲存理"的理欲观和"不论利害"的道义论。朱熹循着二程的逻辑思路，从人性论中推出"天理"，把"理"作为世界的本原，作为人们在行动中绝对遵循、服从的"命令"，主张要严辨义利、善恶和是非，在义利（理欲）关系上提出了"明天理，灭人欲"的理欲观。陆九渊从"心即理"的宇宙观和"发明本心"的修养论出发，建立了以心为本体的学说，提出了存心寡欲的义利观，认为欲多则心寡、欲去则心存。王阳明从无善无恶的良知本体论出发，阐释了"致良知"的道德修养论，提出了"存天理，去人欲"的义利观（理欲观），主张"知行合一"的道德践履论。综上所述，我们认为，宋明理学义利观主张尚义反利、存义去利。

二、程朱理学义利观

（一）程颢、程颐的窒欲存理观

二程从"气禀之性"和"天命之性"的人性二重说出发，进一步提出了人欲与天理对立的"窒欲存理"的理欲观和"不论利害"的道义论。二程接受了张载对人性的划分，认为人性有"气质之性"和"天命之性"。二程将张载的"天地之性"改为"天命之性"，前者强调的是人性的自然本体性，而后者则突出了本体的赋予性。性就是本体，这种观点和张载没有区别，但他们进一步指明气以成形，理以赋性，将张载"天地之性"的太虚本体改为理本体。天理在人者为性，天理为宇宙本体，因此也是人的本质规定性。由于本体的超越性，故从本原上看，每个人内在的本性不具有个体差异性。从孟子开始，中国哲人就认为人人具有共同的本性，但只是停留在"天命"的层次上，而二程则为人的共同本性给出了一个本体论的实体。就其道德价值而言，二程认为："合而言之皆道，别而言之亦皆道也。舍此而行，是悖其性也，是悖其道也。"仁义礼智信是天理本体性完善的五种不同规定性，性即理，具有内在的完善性，故表现为五常之德。气质之性则是人的气质即人的物质性存在所表现出来的本性。"人生气禀，理有善恶，然不是性中元有此两物相对而生也。有自幼而善，有自幼而恶，是气禀有然也"①。在二程看来，凡属于自然具有的都可以称之为性，万物有理有气，理气均为自然发生，故理可称之为性，气亦可称之为性。应该指出，二程在这里说的"理有善恶"不是讲天理本身有善恶，作为本体，天理是纯善无恶的。这里的"理有善恶"，是将气按理来说是有善有恶的，故实际上是讲气有善恶。在二程看来，理是纯一无杂的，而气则有精粗、清浊的差别，禀其精清者为善，禀其粗浊者为恶，把人性的善恶归之于气禀，并将气质看作人类罪恶的根源。气质的本质有善有恶，人的真正本质就是纯善无恶的天命之性，所以说后天养成的气质本性，君子都不会让它存在杂染。二程认为，气质的本质是罪恶的根源。人所受的不好的气质蒙蔽了人的天命之性。人性是善良的，所以如果有不符合仁、义、礼、智、信的行为，就是被外在的事物所拉扯和欺骗的。它的具体表现是人类欲望对天理的侵蚀。二程认为，天理和人的欲望是完全对立的，二者不可调和，也不能共存。"不是天理，便是人欲"②，没有其他选择，"人欲肆而天理灭矣"。"人之所以为人者，以有天理也，天理之不存，则与禽兽何异矣?"③ 二程将欲视为万恶之源，提出了"灭私欲，则天理明矣"④，对追求利益的做法无不深恶痛绝，即使为公求利的行为也不为所容忍。从二程关于理欲和两者之间相互关系的规定出发，只能得出一个结论——存天理，就必须消灭人欲。在人性中，是具备天理的，但是由于自私的欲望侵蚀和污染，蒙蔽

---

① 程颢，程颐. 王孝鱼点校：二程集 [M]. 北京：中华书局，1981：10.
② 程颢，程颐. 王孝鱼点校：二程集 [M]. 北京：中华书局，1981：144.
③ 程颢，程颐. 王孝鱼点校：二程集 [M]. 北京：中华书局，1981：1272.
④ 程颢，程颐. 王孝鱼点校：二程集 [M]. 北京：中华书局，1981：312.

了天理之光，所以只要人们去除了私欲，天理自然就会回归。从伦理学角度来看，二程的理欲观将人类社会生活中道德原则或理性因素与人类感性的物质欲望对立起来，并给予后者负面价值的判断。这否定了人类物质生活的积极意义，是一种禁欲主义的道德观。二程是理学思想的奠基人，也是程朱学派的创始人。他们为反对佛道理论，复兴儒家思想，重振仁义道德准则作出了一些贡献。在二程看来，"理""性""命"三者是完全一致的。二程认为，虽然理规定了人的本质，但人的物质存在是由气来定义的，万物都是气以成形、理以赋性，所以除了道德属性之外，人还有自然的属性，不能只就性论性，也要结合气来谈。二程还指出，人性包含理和气两个方面，是道德属性和自然属性的统一，所以把两者分开，只谈一个方面是错误的。理是"天命之性"，气是"气质之性"。"天命之性"无不善，而"禀受之性"则有善有恶。

天理道德本体论的建立，为纲常名教的合理性提供了本体论依据，这是二程的一个重要贡献。儒家思想被定为一尊以来，纲常名教也被认定为最基本的道德准则，汉唐学者用"天"来论证这些准则的合理性。在二程看来，人的基本欲望是"性之自然"，不能尽绝。在处理人欲方面，二程与佛教不同。不过二程也指出，人类的欲望是无穷无尽的，一旦过度，危害就大了。他们认为，人们躲避风雨追求房屋、避免饥渴追求饮食的欲望，是人类生存最基础的需求，是人性之本，即为天理；如果放纵人欲，置天理于不顾而为所欲为，其后果不堪设想。二程认为，天理与人欲此消彼长，水火不容，要想"求天理"，就必须"灭人欲"。二程把天理和私欲对立起来也体现在义利、公私、道心与人心的对立上，认为理是天下之大公，欲则是一己之私利。就是说，理是义之正，而利己则损害他人利益，追求私利就会违背天理、远离仁德。因此，人应该"至公无私"。二程认为，"义与利，只是个公与私也"。在二程看来，义利、公私、理欲都是对立的。

（二）朱熹的明理灭欲观

朱熹是中国古代杰出的思想家、理学的集大成者，后人称之为"孔孟后一人"。其伦理思想以理作为道德基础，并由此展开他的道德学说。在朱熹的思想中，理的存在先于天地万物，理是天地万物存在的基础。朱熹利用"理一分殊"的方法，相信一物有一物的原则，每件事的原则是理的划分，天地万物的原则就是一的原则，即"太极"。分殊之理，是本体理的表现，和本体理具有同一性质。宇宙中只有一个原则，即天地万物存在的基础，它规定了万物，包括人类的本性，其在人类社会中表现为"三纲五常"。通过这一论证，天理就成了人类社会的道德本体，从而完善了从张载、周敦颐、二程开始的道德本体论的建构。同理，就人类社会而言，虽然是一理，但它却被划分为各种不同的道德原则与规范。人类社会生活的道德原则和规范也以这种形式获得了本体论基础。道德本体论的构建，从抽象思辨的层面理性地论证了儒家所倡导的伦理道德，使纲常名教的至上性、合理性和绝对性在理论上得到支持，完成了在古代社会对传统道德的理论论证，以致以儒家纲常名教为核心的中国传统道德从此再也没有受到影响和质疑，直至近代西方文化传入中国，才使它瓦解、转生。天理是宇宙万物的本体，具有先在性，而基于天理本体论的伦理道德，也具有先在性；当论证道德的至上性、合理性之后，思想的活力被限制，道德将逐渐走向僵化和教条化。

义利之辨是中国传统伦理思想讨论的一个重要的理论问题，朱熹的观点是对传统义利观的发展。他非常重视义与利的关系，认为这是人们行为价值取向和人生选择的重要问题。他曾说："义利之说，乃儒者第一义。"① 朱熹之所以把义利之辨看作"儒者第一义"，根本原因在于他认为无论为了义还是利，这种行为选择的价值标准直接反映一个人的道德观念和道德品质，即看一个人追求道德还是追求个人的私利。这种价值标准的差异表明了善与恶之间的区别。人们在日常生活中的一举一动、一言一行，都面临着这样的选择。这种选择对于区分善与恶、圣与愚很重要。"义"在中国传统伦理思想中被定义为道德和道义，而利是利益的代表。然而，道义不是指纯粹的观念，而是指公利。追求公利是一种道义行为，因此义已成为公利的代名词；而利更多的是指私人利益，特别是超越等级地位的私人利益。因此，义利之辨在这种情况下就成了公私之辨。朱熹所说的"义"与"利"也属于这一类。他说："义者，天理之所宜。利者，人情之所欲"② "只宜处便是义，宜之理，理之宜，都一般"。义之"宜"，可以宜于己、宜于人、宜于世、宜于时。朱熹也讲"义者，心之制，事之宜也"③，从这个意义上说，义与利之间没有必然的矛盾冲突。然而，在朱熹的思想中，所谓适

---

① 朱熹.朱子语类［M］.海口：海南出版社，1993：326.
② 朱熹.四书章句集注［M］.北京：中华书局，1983：73.
③ 朱熹.四书章句集注［M］.北京：中华书局，1983：201.

当与不适当内包含着一个标准，那就是它不能是个人私利，只能是一种普遍的、真实的天理。归根结底，义之宜是宜于理，以理为宜，合理为宜。经过这样的转换和诠释，"义"已经成为"理"的代名词，即绝对善的道德观念和价值标准。朱熹还将"利"理解为"人情之所欲"，认为它没有道德的纯洁性和合理性。按照朱熹的观点，情本身与欲望有关，因为气质的本性是杂驳的，而人类感情想要的也是不同的，有的要通情达理，有的要义，也有的想方便取悦自己。朱熹认为，义和利也是对立的，追求义还是追求利，是区别君子与小人、公与私的关键。那些追求义的人是君子，是为公，而那些追求利的人则是小人，是为私的，两者反映了不同的价值取向和追求。朱熹也强调义与利的区别，他所说的义利对立，主要是说义利是行为价值选择和思想观念的对立，不包含义与善、利与恶的含义。义并不排斥利，而是看其是否正当；利也不否定义，而是将义作为利的内在合理性标准。所以，朱熹也认为，义和利也是相互关联的，义中有利，利中有义。说义中有利，是讲义者宜于理、宜于人、宜于事，从而于理、于人、于事无不利；说利中有义，则是讲利是否真的有益于人，必须以理为标准，"循天理，则不求利而事无不利"①。朱熹认为，利并不是不好，但人们要正确把握和对待利，追求合适的利。他倡导把义作为行为选择的价值标准，一切只看是否合适，只要有义，无利也应该去做，而不是"不顾己私"；把利作为标准，则只要是有利的，无论是否有义都会去做。因此，朱熹的义利观主要强调价值优先的原则。

---

① 朱熹. 四书章句集注［M］. 北京：中华书局，1983：202.

在理欲关系上，朱熹的态度表现得更为偏激一些。朱熹继承了二程"存理灭欲"的思想，认为"天理人欲常相对"①。所以，他强调"天理人欲，不容并立"，要求人们"明天理，灭人欲"。朱熹讲的"明天理，灭人欲"只是为了消除超越自己等级身份的过度欲望，不是要摧毁人类所有的欲望，而衡量欲望是否过度的标准就是天理。朱熹认为，"浑然天理便是仁"，即仁、义、礼、智均是天理。实际上，朱熹在划分时，又是以"礼"为标准，即以作为形而上的"天理"的外化形态封建伦理关系为划分标准。朱熹对"义利"和"理望"的严格区分，就是在理论上论证"明天理，灭人欲"的合理性，使人们能够坚持"重义轻利"的价值取向，进而达到"圣贤之域"的理想人格境界。人性是善还是恶，这实际上是一个先验的问题。因为人的本性就其自然方面来说，无所谓善恶，而其社会本性则是后天形成的。他的思想、行为以及道德品质都是后天形成的。不同的时代、不同的民族、不同的阶级、甚至不同的年龄群，都有着不同的人性，不可以抽象地谈论它的善或恶的问题，没有先天的善或恶的人性，人性善恶都是后天的。朱熹认为人性恶是由于气禀所然，是私欲遮蔽了性中的天理。那么，只要去掉私欲，就可使天理重现光明，恢复其固有的善性，于是他提出了"存理灭欲"的口号。在他的思想中，天理是三纲五常等封建道德原则。朱熹把天理视为本然之心，这就暴露了天理作为精神实体的实质。他认为天理作为本然之心，也是人的本性，因而，就其伦理价值来说，是绝对善的。朱熹展开了他关于天理和人欲之间关系的

---

① 黎靖德. 王星贤点校：朱子语类［M］. 北京：中华书局，1994：224.

论述。第一，天理和人欲相互联系，在一个共同体中，人欲中包含着天理，这已接近理存于欲的思想。因而，理欲的界限是相对的。第二，天理人欲相互相立，犹如公私是非。我们认为，道德应当建立在现实物质生活基础之上，并为人类现实物质生活服务，朱熹却认为天理人欲不可并立，否定了人们对物质生活追求。第三，天理人欲相互消长。朱熹认为，对待二者正确的态度就是存天理、遏人欲；天理长则人欲消，人欲长则天理寡。因此，他的结论是：明天理，灭人欲。天理本来人人具有，只为人欲所蔽，因此道德修养就是要求灭去人欲，即存得天理，人欲越少，天理就越明。

三、陆王心学义利观

（一）陆九渊的存心寡欲观

陆九渊是南宋时期与朱熹齐名的思想家，他发展了思孟学派的思想，创立了"心学"体系，并与程朱理学相对垒，提出了以心为本体的道德理论。程朱视理为天地万物的本质和道德的源泉，而陆九渊则以心为道德的本源，把理定义为"心"——心是陆九源哲学思想的核心。陆九渊思想的核心概念是"本心"，他的工夫论特别注重"明本心"，这种"本心"为人们提供道德准则，并激发人们的道德情感，所以也被称为仁义之心，"仁义者，人之本心也"①，"仁即此心也，此理也"②。在陆九渊那里，"心"往往就是"本心"

---

① 陆九渊.陆九渊集 [M].北京：中华书局，1980：9.
② 陆九渊.陆九渊集 [M].北京：中华书局，1980：5.

的意思，不是指人的感性知觉之心或血气之心，而是指具有普遍意义的道德之心。在陆九渊看来，具有普遍意义和道德价值根源意义的"本心"，说到底也就是具有普遍意义的"理"。陆九渊思想的最大特点就是把心等同于理，认为"人皆有是心，心皆具是理，心即理也"①。"心"是指人人具有的"本心"，"理"则兼具二义，一是道德法则，二是普遍规律。虽然在他的论述中"理"主要是从道德规范的意义上讲的，但陆九渊没有否定"理"的客观性、普遍性、可知性，也不认为道德规范只是人内心的产物，抑或是一种纯粹主观的东西。他所强调"理"具有两重意义：一是指这种"本心即理"的理具有客观性，义理就在人心，这是天所赋予人的，不可泯灭；理就在宇宙间，它不以人是否明白和能否遵循而增加和减损。二是表明人心之理即道德准则与规范，与宇宙之理具有本质的同一性。"心即理"的内涵是指人心之理与宇宙之理具有本质的同一性，但当陆九渊把"理"扩大至普遍规律，并把其工夫论主要定位在"明本心"时，他就不免因过分强调"理"的内在性和人的主观能动性而具有主观唯心主义的倾向。从"心即理"这一基本前提出发，陆九渊认为人的认识目的、修学工夫，就在于切己自反，"发明本心"，而不需要向外寻求，由此形成了他的与道德修养论紧密结合的主观唯心主义的认识理论。在陆九渊看来，既然人心之理与宇宙之理具有本质的同一性，宇宙真理和社会人生的道理不外于"吾之本心"，那么认识的对象也就是内在于我的"本心"。

　　陆九渊发明本心的工夫，强调道德行为的动力来自自身，而不

---

①　陆九渊. 陆九渊集 [M]. 北京：中华书局，1980：149.

是外在环境，体悟后还需加以保存、加以涵养，使此心此理得到彰明。"愚不肖者不及焉，则蔽于物欲"，不免会陷入本心，使本心随着私意走，而不能显现其价值准则的功能和意义；而贤者智者有时又免恃其高明，或逞其博学，以致迷失本心。学问工夫的作用就在于复此本心，道就是他所谓的发明本心。陆九渊说，"古人教人，不过存心、养心、求放心"①。所谓"存心""养心""求放心"就是要求存养自己的本心，防止其放失。陆九渊提出了"自存本心"的反省内求的"简易工夫"，换言之，就是要求树立道德意识，使其时时觉醒，处处能知善知恶，好善厌恶。当然，具体来说，"存心""养心""求放心"又各有侧重，"存心"是保持本心，使其不失主宰之义；"养心"则要对本心时时加以涵养；"求放心"则是强调把被遮蔽而迷失的本心重新找回来。中国人自古以来都把自尊看成立身处世不可缺少的品格，自尊是一个人对自己的高度认可和肯定，当人们的言行不能被自己认可时，就会产生一种羞耻感，所以陆九渊在道德修养中强调"知耻"。"耻"作为一种道德目的，指的是羞耻心和知耻心。他大力提倡知耻，并作专文，告诫人们"人不可以无耻"。外物对本心的蒙蔽源自人的物欲，外物的诱惑使人产生物欲，它蒙蔽了人心，损害了人心中固有的良知。欲多则心寡，欲去则心存。陆九渊在理学中开心学之先河，建立了以心为基础的道德理论，高度推崇道德的主体性，对后世特别是明代的王阳明产生了极大的影响。

陆九渊提倡尊德性的人生修养途径，在现实生活中真切地践履

① 陆九渊.陆九渊集［M］.北京：中华书局，1980：4.

为人之道，履行自己做人的职责。儒家历来认为道义比利益更重要，在陆九渊看来，对利益的追求是错误的，停留在知识层面的义不是真正的义。有些人充满仁慈和道德，但他们确实有意义，他们利用它来达到自己的目的。按照陆九渊的说法，一个真正正直的人心中的一种美德，正直是动机，这是所有人类感情、知识和行为的基础。陆九渊认为，正邪不在于外在的功德，而在于人们的愿望和动机。在陆九渊的思想中，认识的目的是保持本心，格物致知只是保持本心的途径而已。外来事物的诱惑产生了物欲，"欲"又蒙蔽和损害了人类内心固有的良知。所以，剥落心病是一种道德修养，要保持心灵的纯洁，这样它的内在良知就会大放光明，这属于认识的活动；一切从我出发，从内向外，这又是方法论的理论。以心为本、自存本心，在认识论方面来说是要求以心为本。首先要明本心，本心既明，一切皆明。"一是即皆是，一明即皆明"。以心为本，不是以外物为本，故要去物欲，减物累。以心为本，不是以书为本。因而他反对埋头读书，死啃书本。在天理、人欲的问题上，陆九渊反对朱熹区别天理、人欲并把二者对立起来，朱熹由于受老子的影响，把天理、人欲对立起来，破坏了人心的统一性。在他看来，"义理之在人心"①，心外无事，心外无理，不容许有二心存在。如果把天理、人欲对立起来，必然会导致承认心外还有人欲存在，这就与他的哲学思想体系相矛盾。

（二）王阳明的存理去欲观

王阳明在对朱熹的格物之学进行实践时，始终做不到像朱熹所

① 陆九渊. 陆九渊集［M］. 北京：中华书局，1980：376.

说的那样，达到物理与吾心合一的境界，由此他放弃了朱熹之学，在继承南宋陆九渊思想的基础之上，还提出了"心即理"的命题，直接将理与心等同起来。王阳明的"心即理"说主要包括心外无理、心外无事和心外无物。他认为心体是无善无恶的，并不是说"心体"处在一种道德上的中立状态，大致有两层含义：一方面心体的无善无恶是说心体式纯粹、绝对的至善。这种绝对的至善不与具体善恶相对应；另一方面，心体的无善无恶是指作为道德主体的心，善恶不是出于个人喜好，而是完全出于"纯乎天理之心"道德情感的自然表达。这可以从王阳明对人欲的理解中得到证明。王阳明所说的"人欲"并不是一般意义上的声、色、货、利，即所谓人的感性物质需要。他认为一般意义上的感性物质需要并不以善恶论，实际上，人欲代表一种私己的意念或意向，这种私己的意念执着在声、色、货或利上，就成了好货、好利、好色、好名之心，从而体现了纯洁的道德。孝、悌、忠、信、仁、义、礼、智是人们心中固有的，不是人们出于某种偏好而故意为之，它们本来就在人心中，构成人之所以为人的根据，如果连这点也给予否定，那人即不成其为人，而是"槁木死灰"。王阳明引入"良知"范畴，阐述了"无善无恶"的心体何以成了道德的本体或本源，"心之本体即是良知"①。心体虽然因其绝对性和纯粹性而不能等同于具体道德情景中的善恶，但心兼具性与知觉的内涵。"合性与知觉，有心之名"，性即天理、知觉，按宋儒张载的理解，有德性之知和见闻之知的区分，德性之知就是良知。这样，心体虽然不是现实道德情景中具体

---

① 王阳明. 传习录 [M]. 张怀承注译. 长沙：岳麓出版社，2004：296.

的善恶，但是"心"时时刻刻在应事接物。心在应事接物的过程中，就呈现出对具体事物作出是非善恶判断的良知，实际存在的只有良知，更无离开良知之外而单独存在的心体。由于良知是落实于心之应事接物上来说的，故良知又是具体的，是抽象与具体的统一。由于良知是人的心体在具体道德情景中呈现出的，因而它是人的道德活动的起点，也是人的道德活动的源泉。王阳明还对良知做了规定。首先，良知即天理。这是王阳明伦理思想的题中应有之义，但它并不是如程朱所说的那样，是超越于现实生活之上的存在，而是存在于人们的日常生活中。本于天理的人性之自然，人们的七情六欲只要顺其自然流行，就是良知的运用，良知与人的感性欲望不是对立的，而是相辅相成的，感性欲望需要良知的控制，良知也可以通过人的感性生命活动来展示和实现自己的存在。其次，良知只是个是非之心。良知作为心之本体的具体规定，与孟子所讲的"是非之心，人皆有之"的心是一致的，它不虑而知，不学而能，具有主动作出道德上是非判断的能力。最后，良知具有个体差异。心之本体被归结为当下呈现的良知，而所谓"当下呈现"又总是每个个体的"当下呈现"，因此，良知就必然最终落实到个体良知上来。王阳明认为，人的道德活动就是从这种个体良知出发，每个人都有自己的良知，"狂者"有狂者的良知，"鄙夫"有鄙夫的良知。换句话说，良心有个体差异。

　　"致良知"是王阳明一生思想的结晶，"吾平生讲学，只是'致良知'三个字"①。他认为虽然良心是纯自然理性的至善，但在

---

　　① 王守仁. 王阳明全集 [M]. 上海：上海古籍出版社，1992：990.

生活实践中，它往往被私欲蒙蔽，无法显现。因此，它需要"致良知"的修养功夫。王阳明的"致良知"思想是通过对儒家经典《大学》的新解释而完成的。"格物致知"是《大学》修养论的入门功夫，属于内圣之学。《大学》以"修身"为治国平天下的根本，但是"致知在格物"。王阳明以其心一元论为基础，阐释了"格物致知"思想，建立了独具特色的修养论。首先，王阳明论证了"致良知"的必要性。他认为，良知虽然是纯粹至善的天理，人人都有，而且也会在人们的日常生活中呈现出来，但人们因为私欲的蒙蔽，而不能按照良知的指引而为善去恶，所以，要成就圣贤人格，就必须立志坚定，切切实实地去"致良知"。其次，王阳明认为"身、心、知、意、物是一件"，故提出"格物之功，只在身心上做"的修养原则。将格物之功注入身心，必然涉及对物的理解问题。他对"物"的理解是与"意"联系在一起的，"意"是指意念或者意向，是发自内心的。发自内心的意总是有一个特定的、具体的对象或方向，这个对象或方向可以是具有外在物理表现形式的事物，也可以是人的心理领域想象出来的对象，具有强烈的心理事实的特点。再次，王阳明提出了"省察克治""随事尽道""事上磨炼"的修养方法。王阳明认为，"致知格物之功"的基本方法，就是省察克治，就是致良知的过程。最后，王阳明提出了"致良知"就是"致吾心良知之天理于事事物物"，使"事事物物皆得其理"的修养目标。《大学》以修身为本，而身之主宰是心，故修身即正心，但是最终还是落到"致知"上。在王阳明的伦理思想中，"致"就是"推致"的意思，即此意念所着之物，推致"知是知非"的良知，使此事"得其理"，修身、正心、诚意、格物、致知，可以"毕其功于一役"。所以，王阳明晚年单提"致良知"，作为自己伦理思想的宗旨。这个格物致知当然直接就是道德活动过程。正是在这个过程中，本体才彰显出来，主体才挺立起来。成物也成己，两者只是同一过程的一体两面，只是其所指向的对象不一，向外即成物，向内即成己，而作为这一过程的最简明精当的命题就是"知行合一"。他说："外心以求理，此知行之所以二也。求理于吾心，此圣门知行合一之教。"①

"存天理，去人欲"是宋明理学道德学说的总纲。理学内虽有各种分歧和矛盾，王阳明也主张"去人欲而存天理"②。在天理和人欲的问题上，他认为，"吾心之良知即所谓天理也"③。"致良知"就是克去私欲对"良知"的"障蔽"，以复明吾心之"天理"。对于"致知"与"格物"的关系，王阳明认为"格物"就是"格心"，也就是"正心"，"致知格物之功"的基本方法，就是"省察克治"。"省察"就明察私念，"克治"就是克去私念。王阳明将格物解释为格心，同时强调"省察克治"的功夫，表明他较程朱更为注重道德修养及其规范作用的内在性，而突出了道德主体的能动作用。但是王阳明也反对"离了事物"去"着空"地搞"省察克治"，而是主张应将内在的道德良知推行出来，也就是要通过外在的处事接物体现出内在的道德修养。因此，王阳明不仅要求时时刻刻注意"省察克治"以"致良知"，而且要求"随时就事上致其良

---

① 王守仁. 王阳明全集 [M]. 上海：上海古籍出版社，1992：96.
② 王阳明. 王文成公全书 [M]. 北京：中华书局，1982：391.
③ 王守仁. 王阳明全集 [M]. 上海：上海古籍出版社，1992：45.

知"，而后者也就是王阳明所谓的"实学"。既然"省察克治"不能离开处事接物，那么也就意味着王阳明在道德修养与道德实践的关系上，主张"知行合一"。他强调了道德实践的重要性、道德行为的真诚性和道德意识的自觉性、主动性。道德行为并非"冥行妄作"，而是出于对道德意识的自觉，道德意识本身就是一种"省察"的自觉的活动。王阳明从主观唯心主义出发，反对宋代程朱知先行后学说，认为别知行为先后，就把知与行割裂成两件事了。他认为把知行割裂为二，将导致光知不行的弊病，因此他强调"知行合一"。他认为行统一于知，知依赖于行。人们对好色、恶臭所产生的爱恶就是知也是行。这种观点否认知与行的差别，是以知为行。因为人们见到好色和恶臭后产生的好恶，在没有表现于实际行动之前，这种爱慕和厌恶之心还只是内心的情感，它是知，而不是行。王阳明把行消融于知之中，又认为知离不开行。"未有知而不行者，知而不行，只是未知。"① 知就是行，但若不去行，知便不是知，如见好色而不好，闻恶臭而不恶，所见所闻便不能称为知。这是错误的观点，因为不行之知，无论如何也属于知。但王阳明在此强调知必须去行才算是真知，才有其可取之处。他的结论是二者相互依赖，不可截然分开。他还认为知行是并进的，不行不是知，知了就是行了，行了就是知了，知进行亦进，行进知必然进。知行问题，涉及认识与实践的关系问题。我们知道，认识和实践是有差别的，一方面从客观到主观，另一方面主观见之于客观并反作用于主观。马克思主义认识论认为，实

① 王守仁. 王阳明全集［M］. 上海：上海古籍出版社，1992：3.

践决定认识，它是认识的动力，是认识的来源和认识的目的。王阳明否认二者的本质差别，并以知去吞并行。明末清初的王夫之就看到了王阳明知行合一论的本质。

第三节　尚义反利观与封建制社会繁荣发展

宋至明中叶理学义利观与反理学义利观的斗争，实质上是代表中小地主阶级和下层劳动人民利益的改革派与代表大地主及其官僚阶层利益的保守派之间的价值冲突和思想交锋。这一时期的义利之辨是同当时国家内忧外患、各种社会矛盾激化的严峻形势密切相关的，是政治经济状况在思想价值观上的反映，投入或者参与义利问题论战的各家各派均试图把义利问题的思考与缓解社会矛盾、振兴发展政治经济的使命联系起来，以此为后世开太平。宋明理学家提出尚义反利的义利观，具有鲜明的时代特点。宋代是一个民族分裂时期，宋王朝长期遭受北方少数民族统治集团的兴兵侵犯，边患日益严重，终致故都不保，理学家把终宋相随的现实危机归因于义利关系的颠倒，视为私欲肆行、公义不张的必然结果。因此，其义利观有针对宋朝现实危机的明显意向。他们倡言去利存义、灭欲穷理，主张尚义反利，在相当大程度上是着急于正人心、固民力、培国基，欲致君臣上下，共尚大义，弃一己私利，保国强之公利，以实现三代似的太平盛世，以追求内在人格的完美、求取自我人生意义成为这一代思想家的时尚。许多思想家出入佛老去探寻解救自己的心灵，就是这一时代倾向的反映。佛老之学以其专治"身心"的学说性质而迎合了宋明思想家的内心要求，向以"治世"为本的儒家提出了空前严重的挑战。宋明理学家提出尚义反利的义利观很大程度上是这一挑战反应的产物。二程、朱熹等理学思想家都表达了其学的主旨在为人提供意义体系，解决人的"身心安顿去处"的问题。理学思想家融合儒释道学说的宇宙生存论和心性理论，把孟子性善论发展为有较完整理论结构的儒学心性说，以"天理"及其分殊于人之"性"为"义"之本体，使尚义反利的道德实践成为复明内心"天理"的存养功夫。因此，宋明理学义利观具有更明显的"内倾"性，强化了"治心"的学术要素和理论功底。

一、中央集权制进一步强化

儒家尚义反利观是基于宋至明中叶一定社会生产方式和政治、经济、文化背景而形成的。中国封建社会的后期发展阶段，是从赵匡胤夺取后周政权，建立宋朝（历史上称为北宋）开始的。宋朝至明朝中叶，是中国封建社会后期进一步繁荣发展的时期。这一时期，中国社会的各个领域都有不同程度的变化、发展和进步。经过隋唐两代的冲击，特别是唐代科举制度的确立，魏晋南北朝的门阀士族地主退出了历史舞台，代之而起的是庶族地主。与此相应具有人身依附关系的部曲也被佃户所代替，这一状况在宋代获得了进一步的巩固。一方面，从表面上看，佃户与地主获得了同等的人身权利；另一方面，地主阶级的土地兼并在宋朝统治者的宽容下进一步发展，农民与地主的阶级矛盾并未真正缓和，原有的观念被打破，新的观念急需要建立起来。这一时期的社会政治、经济和文化等方面的一系列重大变化，对社会伦理秩序的稳定性提出了新的要求。为了适应社会的现实需要，宋明理学应运而生，并受到统治者的推崇。它在宋明朝乃至之后的很长一段时间，都成为思想文化的主导形式。

北宋建国初期，统治阶级清楚地认识到藩镇割据的危害性，先后解除了禁军高级将领的军事权力和地方节度使的行政权力。明代，封建专制的中央集权和皇权进一步加强。明朝建立后不久，朱元璋就废除了宰相的职务，将宰相的权力分为吏、户、工、礼、兵、刑六个部门。与此同时，为了加强对百姓的控制和监督，还设立了锦衣卫和东厂。自此，臣民"事无大小，天子皆得闻之"。唐末的黄巢起义扫荡了门阀士族的残余势力，又经过五代战乱，北宋时期的封建生产关系内部有了显著变化，官僚地主阶级替代门阀士族取得了统治地位，租佃关系普遍发展，农民对地主的个人依赖性相对减弱，促进了生产的发展和商品经济的增长，但是阶级矛盾也迅速地尖锐起来。北宋建国伊始，就爆发了农民起义，起义军第一次提出了"均贫富"的口号。此后，农民起义连绵不绝，而"均贫富"反对财产不均则成了起义农民的基本纲领和主要目标，这是封建社会后期农民起义不同于以往农民起义的基本特点。两宋时期，民族矛盾十分尖锐，北宋建立了统一的中央集权政权，然而西北的西夏和北方的辽（契丹）已崛起，并不断以武力威胁北宋，辽为金所灭后，又受到金的不断侵犯，最后北宋被金所灭。到了南宋时期，统治者更加昏聩腐败，面对外来侵扰，统治者采取了对外退让、对内镇压的政策，他们畏敌如虎，信任投降派，排挤主战派，杀害爱国将士，并向金岁贡大量银两、绢帛，增加了农民负担，同时也加剧了阶级矛盾。而地主阶级内部的阶级矛盾和民族矛盾，也导致官僚大地主阶级和中小地主阶级之间的矛盾加剧，在政治上也就形成了改革派与守旧派之间的斗争。以王安石为代表的改革派与以司马光为首的守旧派，即所谓"新党"与"旧党"之争，是北宋时期地主阶级内部矛盾的集中体现。

儒家尚义反利观的形成也是宋朝统治者重整封建纲常的需要。连年混战和政局动乱，造成了道德的沦丧，子弑父、臣弑君、卖国求荣者不一而足。宋王朝的建立结束了唐末以来长期割据分裂状态，宋太祖赵匡胤通过"陈桥兵变"从后周手里篡夺政权。为了巩固自己的政权，赵宋王朝宣扬三纲五常，恢复发展封建伦理秩序，于是，高度哲理化而又极力强化封建伦理纲常的理学义利观应运而生。理学义利观的产生有其深刻的理论背景和思想渊源：汉末，经学日趋烦琐而式微；魏晋时期学者喜谈玄理，清谈之风，越谈越玄，终于被更玄的西来佛教所代替。佛教进入中国后，以其特有的思辨，引起了中国士大夫的兴趣，而它所谓来世成佛、因果报应以及轮回的说教，又迎合了一般庶民的精神需要。因此，在隋唐两代，佛教的传播达到了鼎盛的阶段，且各大宗派均已创立，与中国传统文化的儒学和道教形成鼎足之势。和其他宗教一样，佛教也是一种精神鸦片。它在维护封建统治方面有一定的作用，得到统治者的大力提倡，但是又对社会有一定的腐蚀作用，受到有识人士的反对和批判，唐代的韩愈就是反对佛教的重要代表，他不仅揭露了佛教的种种危害，而且是以中国传统儒学反对佛教，并列出尧舜文武周公孔孟的一贯道统来对抗佛教的传道法统，实开宋明理学的先河。但是，真正从理论上给佛教以彻底打击的却是宋代诸先生，尤其是张载。他指出，佛教的一切理论都是建立在虚幻的基础之上，把整个现实世界都看作是空无所有，看作是人们主观的幻象，这是一种极其错误的理论。他认为，万事万物都是客观的存在，并提出了元气本体论的唯物主义学说。经过北宋诸先生的努力，儒学重新确立了理论权威。故宋明理学被称为"新儒学"。任何一种学说或思潮都是在固有的思想资料的基础上建立起来的，理学也不例外。儒佛道互相渗透在魏晋时期即已开始。所谓玄学，就是儒道合流的产物，它所尊奉的三玄，有两部后来成为道教的经典，而玄学讨论的有无问题，又在佛教义理中获得进一步展开和总结。理学义利观的核心虽然是儒家的思想，但也吸收了佛道不少思想资料，理学义利观的开创者们只是用儒家的思想给予了新的解释。就思想影响而言，理学之理有着佛教华严宗理事的痕迹，朱熹显然借用了月映万川来解释"理一分殊"；"格物致知"之说吸取了禅宗顿悟的理论；"存理灭欲"的学说受了道家清心寡欲的影响；理学家强调的道德修养方法，也显然借鉴了佛道的宗教修养方法，理学心学一派尤其受禅宗影响。儒家自西汉置于独尊之后，一部分典籍被当作"经"，成为学术的唯一标准，汉儒释经又严守师说，不敢越雷池一步，无论经传，这种状况严重地桎梏了人们的思想。中唐以后，人们开始怀疑这种现象的正当性。和汉儒不同，宋人注经便全任己意，"六经注我，我注六经"，不重辞章训诂，着重义理的发挥，从而产生了不少大思想家，影响了几个朝代。

二、封建制社会的繁荣复兴

在宋、元、明的时期，农业、手工业、商业和对外贸易蓬勃发展，中国社会经济繁荣昌盛。北宋的建立结束了五代十国政权的分裂割据和社会的长期动乱，极大地促进了生产的发展。北宋时期，由于农业生产的恢复、生产工具的改进和生产技术的广泛普及，使生产效率大大提高。南宋时期，随着农田水利的建设、荒地的大规模开垦、农作物良种的推广和经济作物种植面积的扩大等，农业生产达到了一个新水平。到了两宋时期，手工业和商业有了更大的发展，包括丝织、制瓷、造纸、采矿、造船等行业，都有了显著发展。另外，随着纸币和手工业协会的出现，以及许多商业繁荣城市的兴起，海上贸易尤其繁荣。元朝建立政权后，在中原、江南发达的农业生产和商业经济的影响下，元统治者也开始重视农业，实施了众多有利于农业生产的措施，使耕地面积、生产技术、水利建设和棉花种植等都有了很大发展。因为元朝地域辽阔，民族众多，水陆交通发达，纸币流通广泛，这些促进了手工业和商业的发展，出现了大都（今北京）、杭州等商业大都市。明初，太祖朱元璋采取了一系列保护工商业的政策，清理了重税，放宽了对工匠的限制，土地高度集中的状况受到遏制，激发了商人的积极性，促进了手工业的发展。明中叶，随着商品经济的发展，出现了资本主义萌芽，粮食、生丝、烟草、木材、纸张、瓷器以及手工艺品大量涌进市场；家庭副业在社会生产生活中地位提高；粮食和经济作物、原料和手工业品生产的地域分工趋势日渐显露，各地出现大量巨商大贾和著名商号，手工业品行销四方，江南地区城市经济尤为繁荣。

宋朝时期文化繁荣灿烂，风格独特鲜明。为了稳定和巩固中央集权的封建专制政权，宋统治者大力推行纲常名教。此外，由于宋初以来一些有识之士为扭转内忧外患的局面而进行的改革以失败告终，许多思想家便逐渐将注意力转向加强伦理道德的培养和灌输。在这一背景下，以灭欲存理、端正心术为主题的理学思潮应运而生，并成为南宋学术思潮的主流。这个时期，儒、释、道三教的融合为理学的形成奠定了思想基础。宋元之际，传统的儒家文化遭到前所未有的猛烈冲击，北方少数民族的游牧文化与中原的礼乐文明一度激烈冲突和对抗。元朝建立后，中国各民族文化得到广泛交流和传播，文化发展出现了很多新的气象，游牧文化和中原文明逐渐走向调和与融合。明朝建立以后，继续把理学奉为官方思想。

宋朝至明朝中叶是中国封建制度进一步完善的时期。这一时期，社会各领域都有不同程度的变化、发展和进步，政治集权制度也进一步加强，经济上呈现出繁荣的景象。为了恢复封建伦理道德秩序，稳定社会秩序，重建价值理想，北宋初期出现了儒学复兴运动，这为儒家尚义反利观的形成奠定了基础。这一时期的伦理思想表现出强烈的激荡与融合精神。在儒学复兴的过程中，思想家们开始重建伦理、价值理想和精神家园，促进了儒释道的融合和轮回，使儒学走向思辨和本体论。宋明时期儒家尚义反利观的形成也是封建社会生产力和生产关系矛盾发展的结果。中唐以后，因为农具和灌溉手段的改进以及生产力的进一步发展，生产关系领域发生了两次变化：第一，封建经济开始从农奴制向租佃制转变，小土地管理成为一种非常普遍的情况；第二，手工业逐渐成为一个独立的行业，商品经济逐步发展起来。作为封建社会支柱之一的手工业经济，从两宋开始也发生了新的变化，手工业的分工越来越细，规模明显扩大，雇佣关系被广泛采用。中国封建生产方式的地主经济阶段从宋封建帝国起开始转入一个新的发展进程。宋朝继唐末农民运动之后，再度出现了地主经济的繁荣，尤其是商品经济。两宋时期较高级的商业经营方法已相当普遍，与以前的历史时期相比，呈现出一些变化：在市场活动方面，商业活动突破了市场的地区和时间限制，从早到晚在都市的任何地区均可进行交易；在行会组织方面，行会发展为代表工商业者自己利益的有力组织，在封建城市经济中起着很大作用。然而，宋朝经济的发展并没有改变国家积贫积弱的状况。因为宋自开国以来，采取不抑兼并政策，农业经济的发展，受益的不是农民，而是地主。官僚、豪族、寺观都兼并土地，逃避田赋，并和国家争夺赋役。于是，内有人民流离失所，外有辽、金、西夏政权的入侵，宋财政经济遭受严重破坏，这些现象必然会体现在思想家们的义利观之中。与我国封建社会后期特点相联系，宋代伦理思想形成了两大派系：为适应加强中央集权的封建专制制度的需要，道学即理学应运而生；由于尖锐的民族和阶级矛盾，当时出现了一种直面社会矛盾、立志改革、注重事功的功利主义学派。儒家理学伦理思想适应了封建社会后期发展阶段强化中央集权的社会需要，成为宋明时期官方的统治思想，起到了禁锢人们思想、延缓封建等级制度衰亡的社会作用。不过，在明中叶资本主义萌芽出现之前，其社会作用不能简单地视为反动，应做具体的、历史的分析。按照历史唯物主义观点，在中国资本主义萌芽出现之前，封建制度还有其存在的必然性，与此相联系，封建道德也必然要发挥其维护封建制度的社会作用，我们不能要求当时封建的思想家不宣扬封建道德而提倡资产阶级道德。理学家为了维护封建地主阶级的统治，极力主张"存天理，灭人欲""正其义不谋其利，明其道不计其功"，反对功利。而当时功利派的思想远不及理学家的影响之深入广泛，占统治地位的仍是理学家的义利思想。在宋代民族矛盾异常尖锐的历史条件下，理学家阐扬孔孟道统，排斥佛道，明"华夷之辨"，重气节操守，对维护社会秩序的安定、民族的团结和国家的统一发挥了积极作用。另外，从文化思想发展来看，宋明理学义利观对我国民族文化的继承和发展、中华民族理论思维水平的提高以及中华民族精神的形成和发展，作出了不可磨灭的历史贡献。

北宋时期是中国封建社会由前期向后期转变的重要时期。入宋以后，随着社会秩序恢复和科学技术进步，社会生产力取得了前所未有的新发展，生产关系出现了不同以往的新变化。这使得宋至明中叶的社会历史变迁呈现出与汉唐迥异的新特点，主要表现在经济、政治和思想文化等多个方面。经济、政治格局的变迁引起了社会阶级结构的变化。宋代以后，门阀士族日益衰微，庶族地主经由科举入仕成为统治阶层。作为一个新兴统治阶层，庶族地主更加重视经济发展，更具有理性精神和实践精神，需要一套反映时代要求、具有崭新面貌的意识形态去维护其统治。他们采取了相对宽松的文化政策，客观上促成了宋明时期程朱理学、陆王心学以及"气学"等多种学派并存发展、多种学说相互争鸣的文化繁荣局面。马克思和恩格斯在他们的著作《德意志意识形态》中指出："思想、观念、意识的生产最初是直接与人们的物质活动，与人们的物质交往，与现实生活的语言交织在一起的。人们的想象、思维、精神交往在这里还是人们物质行动的直接产物。"① 宋朝建立之后，中国封建社会进入了后期发展阶段。一方面，由于维持封建制度安排的成本不断增加，使得农民的负担越来越重；另一方面，两宋时期，民族矛盾也十分尖锐。阶级矛盾与民族矛盾的尖锐反映到统治集团内部，便是官僚大地主与中小地主之间的矛盾日益激化。宋明时期的义利思想本质上是后期封建社会人们物质关系的直接产物，是中央集权制的封建政治、经济和阶级矛盾、民族矛盾在义利观上的反映，也是中国义利思想在经历了先秦、汉唐之后逻辑发展的必然结果，是中华文化在新的历史时期思维创造的结晶。理学义利观的产生和发展过程，一方面是儒家思想在面对异质文化挑战时主动吸收异质文化进行自我发展的过程，另一方面是理学家们不断适应时代发展需要、突破旧学束缚以及实现学术创新的过程。它展现了中国传统文化成功吸收、整合外来文化为我所用的能力，也体现了著名理学家们勇于担当、敢于创新的意识。理学义利观绵延八百余年，影响了中国社会的各个领域，成为宋元明时期中国伦理思想的主流形态和中国文化的主导思想。其影响远播域外数百年，成为整个东

---

① 中共中央马克思恩格斯列宁斯大林著作编译局. 马克思恩格斯文集：第 1 卷 ［M］. 北京：人民出版社，2009：524.

亚地区的精神文明。但是，由于理学义利观在元代以后成为封建社会的官方意识形态，其学术形态越来越僵化，逐渐失去了其早期的理性精神、实践精神和创新精神，成为统治阶级钳制思想的工具。特别是理学义利观中所具有的维护社会秩序、强化道德意识的功能被统治阶级所利用，成为维护专制主义等级秩序、压制人的本性的精神武器，甚至沦为"以理杀人"的"礼教枷锁"，阻碍了社会的进步。

第四章

明末清初时期儒家重义尚利观

明末清初时期，与经济政治的发展变化相适应，思想界表现出破旧立新的趋向。被明王朝官方称为"异端之尤"的李贽，将阳明学推向了自身的反面，提出了很多激进的新思想观念。由于传统农业社会固有的惯性力量与周边地区民族文化的相对落后，新思想并未获得适宜的土壤，加上明清易代的巨大政治变故，激化了民族矛盾。新建立的清朝贵族与汉族地主阶级联合的新王朝，在思想界采取严酷的控制手段，使萌芽于晚明社会的新思想几乎被全部扑灭。然而，明末清初的王夫之、顾炎武、黄宗羲、方以智等思想家分别从个人经验和学术立场出发，总结了明朝灭亡的历史教训，并从不同角度对宋明理学进行了批判和总结。清初的颜元、清中期的戴震、章学诚等在学术思想方面继承了前辈反宋明理学的思想传统，或提出以重习行的"实学"思想代替宋明的"虚玄之学"，或提出以经学与史学研究取代宋明的思辨之学。他们的理论努力促成了中国哲学由"虚"之"实"的新转向。明末清初是"天崩地解"的时代，中国封建社会开始步入晚期。随后，儒家义利思想也演进到批判总结阶段，表现为重义尚利的特点，既重"义"，又尚"利"。

第一节　重义尚利观的内涵

明末清初时期的进步思想家，不仅通过对道学"存理灭欲"的批判，论述了道德根源于人们的物质生活欲求的朴素唯物主义的观点，而且在道德评价上也强调道德同功利的不可分割性，批判了自汉代董仲舒到宋明道学的所谓"正其谊不谋其利"的反功利思想，形成了重义尚利观。在义利关系上，李贽、颜元等思想家强调"正义""明道"的真正意义在于"谋利"和"计功"，反对"正义不谋利"的道义论。在理欲之辨上，他们在肯定人类欲望的自然合理性的基础上，统一了"理"与"欲"，否定了"存天理，灭人欲"的思想。对于如何评价义利和理欲关系，其根据在于对人性的来源、内容和本质上的理论概括。为了肯定利欲的合理性，他们都把"利欲"纳入人性范畴，作为功利主义价值观的理论根据。这种对人性的重新规定，无疑是对儒家正统的德性主义人性论的否定，从而具有早期民主主义特点和启蒙意义。①

一、李贽的理欲共存观

李贽是明末清初最早出现的具有反传统品格的思想家之一。他

---

① 张传开，汪传发. 义利之间：中国传统文化中的义利观之演变 ［M］. 南京：南京大学出版社，1997：117-120.

进一步发挥了"现成良知"说，主张人以"私"为心，提出了贵贱高下"致一之理"思想，并倡导平等。李贽的伦理学说集中体现于"童心说"和私心说。李贽对封建纲常及程朱理学进行猛烈抨击，冲破了近两千年儒家伦理道德的束缚，开启了传统经济伦理向近代的转型。"童心说"是李贽思想的重要内容。他说："童子者，人之初也；童心者，心之初也。""夫童心者，真心也。"① 即"童心"就是人的"真心"。如果说人们不可守护"童心"，那么就不可能有"真心"，就在社会生活中只有"假"心，大家都戴着面具，都在演戏。在李贽所处的那个时代，他对儒学存在的根据，即社会功用的批判，对儒家创始人孔子的质疑无疑都是"惊世骇俗"的想法，无疑触动了一般士大夫们没有勇气去正视的事实。②李贽认为："若失却童心，便失却真心；失却真心，便失却真人。人而非真，全不复有初矣。"③ 在李贽看来，封建礼教、理学家所宣扬的存理灭欲论完全扼杀了人的"童心"，从而使人失去"真心"，变成"假人"。他所说的"童心""真心"已不再是"良知"，而与人的"好货色"和私心具有内在联系，因为"若无私，则无心矣"。这种"童心"与当时士大夫阶层在日常生活中虚伪的为人处世的"道理闻见"是绝不相容的。那种声称为民而意在封荫的"道理闻见"越多，"童心"就丧失得越多。人们一旦"失却童心，便失却真心"，因而也就是"假人"；因为假人不是人，所以其所作所为皆非人道之事。因此，李贽肯定人们本能的、真诚的"趋利"之

① 李贽. 李贽文集：第 1 卷 [M]. 北京：社会科学文献出版社，2000：92.
② 曾誉铭. 义利之辨 [M]. 上海：上海辞书出版社，2017：146.
③ 李贽. 李贽文集：第 1 卷 [M]. 北京：社会科学文献出版社，2000：92.

心。为了批判"存天理，灭人欲"的理欲观，李贽提出了"人必有私"的自然人性论，主张崇尚功利，"私者，人之心也。人必有私，而后其心乃见，若无私，则无心矣"①。他充分肯定人的"私利之心"的合理性和正当性。作为明代心学运动"最后的领袖"，李贽受到了阳明心学对于人的主体性的构建的强烈刺激与影响，将内在于人的生命之中的基本欲望称为"真实不虚而不可抑遏者"，这种最为基本的欲望就是人"穿衣吃饭"的天然需求。因认为人的内在需要比外在规范更为重要，李贽得出了"穿衣吃饭是人伦物理"②的论断。这句话在李贽所生活的历史环境下，可谓惊世骇俗，对当时理学家们所强调的"存天理，灭人欲"的道德思想，构成了直接的冲击与批判。以往人们对这句话的理解往往不够全面，简单地认为李贽所讲求的是一种功利主义伦理观，这是对李贽的误读与误解。李贽所强调的只是认为所有的人伦物理都与人们的穿衣吃饭有关，一提穿衣吃饭，就把人生活的全部内容都包括在内了。因此，除了穿衣吃饭，就再也没有什么与百姓日常生活不同的人伦物理了。换言之，学者们应该从人的基本需求出发，在与人的基本需求相关的事事物物中，探究人伦物理，并最终认识人伦物理的本质，而不能就人伦物理研究人伦物理。既然将穿衣吃饭视为人伦物理，以个体生命为道德的出发点，那么，李贽最终得出"人必有私"的结论也就顺理成章了。生命之于每个人而言仅此一次，它是弥足珍贵的，人人都会热爱自己的生命，因此人的欲望和私心是正

① 李贽. 焚书·续焚书［M］. 北京：中华书局，1975：30.
② 李贽. 焚书·续焚书［M］. 长沙：湖南岳麓书社，1990：4.

确的，人们的行为和追求都与私心有关。私心在李贽看来是自然的，所以也是合理的。既然私就是人之心，那么，人只有出于私，他的精神世界才真实地呈现出来，没有私心也就没有个体的精神。比如，农民想着秋天的收获，这种私心使他努力耕种；一家之主想着自家粮仓不断充盈，才会拼命劳作；读书人想着有朝一日能够考取功名，才会刻苦用功；做官的人如果没有每月的俸禄，是不会卖力苦干的；孔子虽然是圣人，但是如果没有鲁国司寇和代理宰相的职务，他在鲁国一天也待不下去。这是自然之理，普遍有效，绝非凭空的臆想。

二、王夫之的理欲并重观

王夫之生活在明清之际"天崩地裂"的时代，在政治上的复明斗争失败后转而进行学术研究，几十年仰思俯咏，王夫之在检讨明朝灭亡的经验教训时，对传统文化进行了深刻的批判和总结，在此基础上提出了自己的伦理思想。王夫之认为，天人产生关系的前提是天道与人道相分，对于天人关系的论述可以概括为一句话：天与人互为道器，即"天者道，人者器，人之所知也"①。王夫之在上承孟子思想的基础上，认为："王之所以异于霸者无他，仁而已矣。"② 也就是说，所谓王道，即行仁政；具体而言，则是要养民，以得民心为本，"王道以得民心为本，故以此为王道之始"③。王夫

---

① 王夫之. 船山全书·思问录：第 12 卷 [M]. 长沙：岳麓书社，2011：405.
② 王夫之. 船山全书·四书训义：第 8 卷 [M]. 长沙：岳麓书社，1992：163.
③ 王夫之. 船山全书·四书训义：第 8 卷 [M]. 长沙：岳麓书社，1992：37.

之将人欲看作是天理的基础，将天理看作是对人欲的规范。这一辩证的"天理人欲观"，是对宋明理学和李贽新伦理学思想的扬弃，表现出他作为明清之际的大思想家"推故而别致其新"的思想特征。王夫之的理欲观主要有三个方面：第一，人欲是天理的基础，天理是对人欲的规范，二者同根而异用；第二，人欲并不只是人的自然欲望，即一般意义上的维持生理生命的食色行为，而是社会化的需求；第三，欲有公私，因此要去私欲而尽公欲。在"理欲之辨"问题上，他认为"欲"与"利"是共通的，有"公欲"和"私欲"之分。① "公欲"，即人欲，是人人皆有的欲望；"私欲"，是个人特有的欲望，故"私欲"的本质是利己的。此外，王夫之还提出了"公欲""人欲"与"天理"相统一的观点。王夫之用"继善成性"来阐述人性修养，提出既然人性是"日生则日成"② "习与性成"的，那么后天的因素就是影响人的能力的主要方面。他认为，善生于性，但善本身并非性。他把善称为"阴阳健顺之德"，说"阴阳之相继也善"，即阴阳二者相互作用产生万事万物，是以善。这个善是客观天道绝对完善的伦理价值，在人的本质中，则是属于阴阳之气的人之生理。在王夫之看来，人性是先天命定、后天形成的。天道自然，它必然且自然地把生理植入人的本质之中，然而，如果自己不保存它，把它凝结于本质，那么它就不能说是你的本性。所以，王夫之强调"继善成性"。王夫之的"继善成性"说，不仅阐述了人性的本原，而且强调了人性的完善必须通过"继

① 王夫之. 船山全书·读通鉴论：第 10 卷 [M]. 长沙：岳麓书社，1992：175.
② 王夫之. 船山全书·尚书引义：第 2 卷 [M]. 长沙：岳麓书社，1996：299 .

善"才能实现，只有"继善"才能"成性"。"继善成性"，就是人们只能不断地接受天道变化的善，并将其浓缩为自己的本质，方能成就本然至善的人性。天命变化日新，新故相资而新其故，人们就应当不断地去继去成。王夫之强调道德修养有两种途径：从道生德和以德凝道。他揭示了道德修养的两个不同途径和不同阶段："从道而生德"是"依傍著道行"，这种方法纯粹在行为中摄取和体验，其所得必然受行为的广度与深度的限制，行则得之，不行则不得亦不知，属于道德修养的初级阶段，通过它获得的"德"是由外向内的转化。"从德以凝道"突破了行为的局限，它是从性中固有的善端和已成之德出发，把道凝聚为自己的本质，这是主体出于本性自觉而实现的对道的认同，达到了内外统一，是道德修养的高级阶段。在道德修养上，王夫之还批判了程朱理学通过"灭人欲"来"存天理"的禁欲主义。程朱理学在人性二元论中确立了人自身道德理性和自然欲望之间的紧张关系，并引申出"存天理、灭人欲"的结论，认为要实现人的完善，就必须灭尽人欲。王夫之的理欲合性论强调理与欲并不相互对立，对这种禁欲主义的思想进行了批判。他认为，人的感性需要具有道德上的合理性。人欲的合理性就在于，它是人的生命存在的自然基础，是人性的重要组成部分，具有道德上的合理性。王夫之把欲规定为人的欲求和需要，它们是人的存在和发展的基础，也是人的行为的动机和目的，本身并不具有道德上的不合理性。作为道德的理并不与欲相对立，而是对欲的合理性的规定。人欲的合理性还在于道德的价值绝不仅仅是促进心灵的崇高，它还必须能够促进人的欲望的合理满足。人欲本身无善恶，其善其恶的分歧不在有没有人欲，而在于是否得当。也就是说，只要手段正当，满足欲望就具有道德上的合理性；只有不顾道义、不择手段、损人利己地追求欲望的满足，才属于不道德的行为。他指出，王道本乎人情，道德建立在人的利益和需要的基础上；圣人从心所欲不逾矩，故其所欲即天之理；天无私，自然长养万物，故其生长之理就是人之所欲，理和欲可以相合，每个人欲求的正当满足就合于天理；而天理规定的人们的共同需求，不存在人欲的偏私。王夫之指出，天理与人欲并不是处于对立状态，而是理寓于欲之中，离开了人欲，就无所谓天理。道德则是植根于人的感性物质生活之中，而不是与现实生活相脱离的先验的绝对观念。根据这一认识，王夫之坚决反对"存天理、灭人欲"的禁欲主义学说。

王夫之的义利观在坚持传统道义论的基础上，吸收了功利主义的一些思想因素，并对义利之间的关系作出了深刻的分析和论证。他说："义者，天地利物之理，而人得以宜。"[1] 王夫之指出，义为立人之道，利为生人之用。他认为，义和利作为人类的道义追求，都是不可缺少的，都具有道德上的合理性。他说："立人之道曰义，生人之用曰利。出义入利，人道不立；出利入害，人用不生。"[2] 人高于动物的地方就在于人有道德，所以义是立人之道。而利则是人类生存的需要，凡属于利的都是有益于人的，有益才叫作利，有益就是符合人的需要，满足人的需要，因而从本质上说，它具有积极

---

① 　王夫之. 读四书大全说［M］. 北京：中华书局，1975：127.
② 　王夫之. 尚书引义：第 2 卷［M］. 北京：中华书局，1962：36 .

价值。如果离开道德追求物质的利益，那么满足的就是自己的私利，就是把自己混同于动物；而没有利益的满足，人的生存则将受到危害。那么，人类的行为究竟是应该以义为标准还是以利为标准的问题，王夫之坚持以义为标准。和传统的观念一样，王夫之也以义为公、以利为私。他认为，人类行为善恶的评价标准必须具有一贯性、稳定性和普遍性。义作为天理之公，作为"人欲之各得"的公利，就具备这些特征，但利则不然。同一个事物或者行为对一个人有利，对另外一个人则可能不利。因此，有利或者有害，利大或者利小，没有普遍的、一般的标准，无法以此来判断行为的善恶。王夫之讲的义是人类社会生活和行为的普遍原则，是社会的公共利益，而利则是指个人的特殊利益。他强调以义为道德评价的标准，实际上是强调社会利益高于个人利益，在对义利的行为选择中，义具有价值优先的地位。王夫之认为利中有义，利并不与义对立，肯定了利的正当性。程朱等人坚持义为善利为恶，强调出义则入利，出利则入义，把利益和道德对立起来。王夫之不同意这个观点，他认为义与利不是对立的，出义可能入利，但出利则不一定入义，更多的可能是入害。利益的满足是人类生存和发展的需要，如果不坚持利益的正当性，就不会积极追求现实利益的满足，不会积极地避免各种祸害，最终害人害己。王夫之指出，义非不利，义本身包含着利。从区别来看，义为公、利为私；从联系来看，二者并不存在绝对的界限。义者宜也，道义的价值就在于它有益于人、有益于事、有益于时，就是符合并且能够满足人的现实利益。如果义对人有害而无利，则将失去其存在的合理性。因此，义之所以具有普遍的价值就是因为它对人类的存在和发展有利。在义利观上，存在着两种极端的倾向，一是自私自利的思想，这种思想不顾道义而一味地追求自己的利益；二是极端道义论思想，这种思想把义与利相互对立，以道义的名义压抑人们对利益的正当追求。这两种倾向都有蒙昧主义的特点。王夫之的义利观较好地摆正了义与利的关系，对上述两种极端观点都进行了深刻的批判。他认为利不离义，对利的追求必须有义的引导和规约。每个人都追求自己利益的满足，但如果一个人的行为完全是由对利益的渴望所驱动，他会不惜一切手段追求自己无限的私欲，从而侵犯他人和社会的利益，最终反过来损害自己的利益。王夫之认为，利的合理性就在于它能满足人的生存需要、促进人的本质完善。王夫之又指出，利固然不能离开义，同样，义也不能离开利。理寓于欲中，义存乎利中。任何道德都必须通过一定的利益表现出来，离开了利，就无所谓道德。因此，他反对离开利而空谈道义。他认为要求普通民众离开利去追求道义，根本无法做到；而自以为德行高尚的人宣扬这种观点，从根本上违背了人之生理，无视百姓的死活。王夫之指出："利害之际，其相因也微"①，要使人们远离于害，正确的方法不是疯狂地逐利，而是坚持以义制利，从而达到以义制害的目的。王夫之坚持在义的规约下去追求利，不是要避利、去利、灭利，而是要避害。

王夫之提出了大公至正的古今最高之通义的观念。他虽然继承了传统伦理以义为公、以利为私的观念，但他从公义中提出了一种新的思想，对传统的价值标准有一定的突破。社会是一个有层次的

---

① 王夫之. 尚书引义：第 2 卷 [M]. 北京：中华书局，1962：36.

结构，所谓公也因此而有大小之分，从而义也具有层次性。义都是以公为尺度的，由于公的范围和层次的不同，义的价值就有大小之分。在此，公与私是对义的广狭之别，和一般意义上的公为义、私为利有区别。王夫之指出，一人之义不等于个人的私利，而只是个人的操守、德行和名节；一时之义指一个时代特有的价值准则，通常就是指君臣纲常；古今之义则是指民族的根本利益。这三种价值标准有时候可能会发生冲突，一旦出现这种情况，就必须舍小义而取大义。在王夫之看来，民族利益是最高之义，天下乃天下人的天下，并非一人一姓的私产，君主和百姓都应该致力于国家和民族的兴盛，而不是一家一姓的存亡。一个朝代的兴衰是一时之义，民族的兴亡才是古今天下之义。当面临时代更替的时候，不能固守一时的君臣之义，而必须坚持民族的利益高于一切。这种观点，在一定程度上突破了传统的纲常名教。在明清之际这一特殊的历史时期，王夫之的伦理思想通过对传统伦理思想的批判总结，提出了一些新的思想和新的观点，包含着某些早期启蒙的因素，受到近代梁启超、谭嗣同、章太炎等人的高度评价。

三、颜元的义利合一观

颜元的哲学思想形成过程甚为曲折，坚持气质之性亦善的人性论。颜元论述道："大旨明理气俱是天道，性形俱是天命，人之性命、气质虽各有差等而俱是此善。"① 颜元认同孟子以来人性本善的

---

① 颜元. 颜元集［M］. 北京：中华书局，1987：48.

思想，他的人性论思想是建立在"有物有则""天道本善"的古典信仰之上的。他坚持理气融为一片、阴阳二气是天道之良能的观点，反对"理善气恶"的说法。在肯定人性与天道相通的理论前提下，他为人的"气质之性不恶"进行了理论辩护。颜元看到了人的生理欲望的正当性，这些生理欲望在质上虽有精粗的差异，但并没有善恶性质的根本对立，尤其不能将质地粗陋者直接说成是恶。不过，颜元虽然坚持了"体用一致、形体不二"的原则，看到了环境对人性的影响和作用，但将人性之恶的根源归咎于外在邪恶的引诱，以至于障蔽了人的内在明德从而生出恶来的说法，在理论上并不能说明人的善恶行为在相同的社会条件下何以不同的复杂现象。颜元用"体用一致"的观点进一步驳斥了理学家在人性问题上所持的"理善气恶"的观点，认为人之所以为恶，乃是后天环境的影响所致，与其所禀气质毫无关系。颜元人性论的现实意图是，要求人们在具体的社会实践中彰显人性，从而培养和完善人格，而不是闭目静坐，静观内省，这体现了明清之际社会鼎革的历史大变动对人们思想的深刻影响。颜元认为，物质性的"气"又是生成宇宙万物的本体，因此"理不离气"。据此，颜元评判了程朱以"理气为二元"的观念，从根本上否定了宋儒对"天命之性"与"气质之性"所作的区别。颜元以人的感情欲望为"人之真情至性"的观点，是对禁欲主义道德观的深刻批判，具有鲜明的启蒙主义色彩。颜元肯定"气质"无恶，"情欲"合理，但并不否认现实道德生活中"恶"的存在。颜元承认情欲合理，提倡"尽性之能"，主张发挥人的个性，对主体自觉能动性的强调，是当时启蒙思想家的共同特征。

颜元在批判董仲舒和宋明理学义利观的同时，提出了"正谊便谋利，明道便计功"① 的观点。他说："义中之利，君子所贵也。"② 针对程朱的"利欲"论，颜元从人性无善恶出发，肯定了个人利益的合理性。人性是一种气质之性，无所谓善恶。在人性无善恶的基础上，颜元提出了人应当有合理的利益追求。颜元强调理和欲的统一，阐述了义利、道功的相互关系，着力批判了"存理灭欲"的禁欲思想。颜元认为，谋利计功乃是人的共同追求。他认为，人们从事各种活动都是有目的、追求实际效果的，若不谋利计功，不是虚伪便是愚昧。由此出发，颜元自然肯定利的正当性，但他又强调，对利的追求、取舍当以社会道义为准则，人们所追求、获取的乃是符合于道义的正当利益。"君子所贵"者乃是"义中之利"，即合于义之利。在他看来，求利固是人的本性，但求利必须以道义为指导，自觉接受道义的制约。就此而言，利与义是统一的。人们既不可背义而求不当之利，也不可舍利、离利而空谈道义。道义所以必不可少在于它是调剂种种复杂利益关系的准则，必须由此准则是为了合理地实现、满足人人的利益。颜元提出了"正其谊（义）以谋其利，明其道而计其功"③ 的义利观，既强调人们追求功利当以道义为指导，以明道正义为前提，又强调所以应正义明道是为了谋利计功，正义明道只有落实为功利才有意义，若"全不谋利计功"则是"腐儒"的迂谈。这种义利观实际上强调的是，谋利计功才是

---

① 颜元. 颜元集 [M]. 北京：中华书局，1987：262.
② 颜元. 颜元集 [M]. 北京：中华书局，1987：126.
③ 颜元. 颜元集 [M]. 北京：中华书局，1987：163.

正义明道的目的，所突出的乃是功利。颜元论谋利计功主要不是谋个人的而是社会的利和功。他所以批判理学家的义利观，提出自己的主张，是要鼓动有志者谋天下之大利，建天下之大功。他说："人必能斡旋乾坤，利济苍生，方是圣贤。"① 在他看来，"富天下""强天下""安天下"是最大的功利，这种功利反映了那时有志之士强烈的社会责任感。颜元"正其谊以谋其利，明其道而计其功"的义利观，是对中国古代功利主义义利观的总结，在中国古代义利之辨的长期大辩论中具有重要地位，也对中国近代义利观的形成有重要影响。颜元提倡经世致用，反对空谈性命，提倡"实文、实行、实体、实用，卒为天地造实绩"，在人性论上，便追求性命实功。二程主张静坐的修养理论是理论脱离实际，对国计民生甚至对自身的学问修养没有任何实际效果，反而使学者养成夸夸其谈的恶习。颜元并非完全反对谈论性命，而是主张把性命外化于人的实际生活与活动之中，认为离开实行谈性命即为空谈，不能把性命理解为抽象的本体，在诚敬静坐中苦思冥想，追求虚无缥缈的东西。性命必须通过情来表现，所谓情，就是主体与客体接触交往时内在本性的自然流露。因此，性命不应只向内心搜索，而应体现在主客体的交流之中。它不是某种抽象静止的观念，而是外化为现实的具体活动。颜元把这些活动归结为六德（九德中的主要部分）、六行、六艺，它们是性命的作用、表现，要养性体性，就必须实体实行六德、六行、六艺。性，即仁义礼智之理。所谓仁也者，即爱人，父母、兄弟、妻子、朋友、乡党、百姓乃至万物，都是体现仁爱的现

① 颜元. 颜元集［M］. 北京：中华书局，1987：673.

实，爱得愈深愈广，仁爱之性便愈加扩充、尽善，推之义礼智，无不皆然。因此，离开了具体的表现就无所谓性，颜元反对以性为抽象本体，而主张在性的外在作用上去尽性，即把人的本心扩充、推广于天下国家，使天下国家皆受其益。颜元的人性修养不是陶冶涵泳于抽象本体，独善其身，而是力行践履，使国家百姓获得实际的利益。他批评宋儒专门涵养心性，闭门讲谈，不关心实际的功效，是一种无用而有害的学说。尽性就是获得实功，任何能带来实际利益的行为都高于心性空谈。颜元论性的主旨在于非气质无以为性，把宋儒以性为抽象本体的显现改造为现实的人的活动，凸显了性范畴的现实性，使性由本体性范畴转化为功利性范畴。他的思想在性范畴发展史上具有特殊的地位，表明了不关怀人的现实生命、不注重现实社会效果的抽象人性论走向终结的理论趋势。

四、戴震的理欲统一观

在伦理学范畴的"理欲之辨"问题上，戴震最具有创发性的理论贡献是"欲私之辨"。他指出："欲，其物；理，其则也。"[①] 戴震认为，理学根据自身的理解去诠释"理"和"欲"的问题，最终归于"自私"。戴震通过对"无私而非无欲"的阐述，强调"尽其自然而归于必然"的人性发展理想，要求新伦理学建立在尊重人的感性欲望之上，以此对程朱理学做进一步的批判。戴震以人性论为基础，阐述了理、欲关系，讨论了"自然"与"必然"密切联

---

① 戴震. 戴震集［M］. 上海：上海古籍出版社，2009：274.

系。戴震认为，自然与必然是辩证关系，自然本身是一个发展变化的过程，理义之必然也不是现成的，自然与必然之间是相互转化的。也就是说，自然是必然的，必然也是自然的。他说："自然之与必然，非二事也。就其自然，明之尽而无几微之失焉，是其必然也。"① 他所说的"自然"是指本来如此，"必然"是指理和义，包括客观事物和行为准则。戴震认为，"自然"与"必然"的关系也体现在"理欲"关系上，情欲与好德都是人性之"自然"，即人性本来如此。他所概括的"若任其自然而流于失，转丧其自然，而非自然也。故归于自然，适全其自然"② "归于必然适全其自然，此之谓自然之极致"③。就是说"自然"与"必然"之间是不可分割的，不能离开欲望谈理义，也不能离开理义谈欲望。戴震不仅认为理欲是统一的，而且认为"欲"是"理"的基础，"理"不过是"情之不爽失也"，只有自然情欲达到合理的满足，才是道德的善。他通过对"私"与"欲"等概念的辨析，进一步批判了"存理灭欲"的观点。戴震没有注意到人类的伦理法则带有历史性、阶级性等特征，误把伦理法则当作了自然法则，但他正确看到了两点：其一，伦理法则要建立在人的感性欲望的基础之上。这一点与程朱理学"存天理，灭人欲"的观点针锋相对。其二，人的感性欲望要受伦理法则的约束，并且只有通过理想的、合理的伦理法则的约束才能达到人性的极致与光辉。戴震对程朱理学的批判是明清之际反理学思潮的终结。戴震认为，人首先是现实的感性生命实体，人性就

---

① 戴震.戴震集［M］.上海：上海古籍出版社，2009：93.
② 戴震.戴震集［M］.上海：上海古籍出版社，2009：96.
③ 戴震.戴震集［M］.上海：上海古籍出版社，2009：64.

是对此活生生的实体的规定，而情欲是生命活动的现实化。理与欲是性的固有规定，欲是性的现实自然内容，理是性的理性道德因素。他不同意宋儒把情欲排斥于性外且以之为恶的观点，认为他们对情欲的理解是狭窄错误的，对理的理解也受释老的影响。情欲是人的现实生命的自然基础和自然流露，没有情欲便没有人的生命，因而也没有现实的人性。情欲本身不恶，只放恣纵驰才流于私而恶，理不是对情欲的强制，而是对情欲的积极引导，是情欲固有的理性规定。人的情欲之所以不同于动物，就在于他有着理性因素，不仅能达情遂欲，而且能自觉自主地调节、引导情欲。因而，情欲固有理性规定，而理亦不能脱离情欲。理对情欲的制约不是限制、压抑，而是使天下之人的情欲都得到充分的满足。戴震从自然本性出发来理解、规定人的情欲和理义，认为它们是人性的两个方面和层次。它们都是人性实体的固有属性，共同构成现实人性的感性和理性两方面的内容。但这两方面紧密联系，却非对等平列，而具有层次性。若放恣失养，陷溺淫佚，则如洪水横流，泛滥成灾。人性源于阴阳气化，故能使生命之流涓涓不息。唯其流，方能见人性所具有的现实生命力，性必须通过欲来表现，舍此别无他途。然而，仅有欲还不足以与其他动物"区以别焉"，人性作为人的本质，其高于禽兽者在于它还有理的规定，这是人性的高层次规定。没有理的规范、引导，人之欲将同于禽兽之欲，有了理，情欲才成为人性的固有内容。理是人性中的必然，欲是其自然，必然是自然中的必然，自然有了必然才更加完善。理欲关系是中国古代思想家潜心研究、反复论辩的重大理论问题。

第二节　重义尚利观与启蒙创新

　　明清之际是儒家义利观的反思和突破时期，传统义利观发生了重大的转向。明清之际的儒学思想家首先是对"三纲"的批判和突破，对君臣关系进行了重新定位，在价值观上以具有时代新义的功利主义，否定了传统的贵义贱利、重义轻利的思想，提出了既要重义又要尚利的思想，反映了明末清初时期商品经济发展和社会融合引起的道德领域的深刻变化，是这一时期反理学伦理启蒙特征的重要标志。新的价值观的出现反映在学术思想上，就是思想家们在义利关系和理欲之辨中对宋明理学义利思想的批判。

一、传统义利观的批判与反思

　　随着中国封建制度从繁荣走向衰落，作为封建统治阶级的意识形态和道德手段的儒家义利观，也从成熟、深化走向衰落了，宋明理学思想体系走完了自己的理论行程。王阳明的心学作为它的一个派别和发展的一个阶段，自我爆炸的导火索无处不在，其中蕴含的各种自我否定因素，正日益准备着瓦解自我的契机。到了明代中叶，由于资本主义萌芽的产生，特别是到了明清之际阶级斗争与民族斗争错综交织、空前激化的"天崩地解"的特定时代，这种瓦解终于开始成为现实，早期启蒙主义伦理思想就是在这种背景下产生，并作为理学封建专制主义伦理思想的对立面走上思想斗争的舞台的。应该指出的是，理学封建专制主义伦理思想的衰落和瓦解，并不就意味着它从此销声匿迹。这是由意识形态的相对独立性决定的，更重要的是由明代而起的清统治者一方面扼杀资本主义的萌芽，另一方面大力强化程朱理学的思想统治所造成的历史的回流所使然。但是不管怎样，明中叶以后，理学专制主义伦理思想的衰落都是任何力量也无法阻挡的。

明末清初时期的儒学思想家们强调理和欲、义和利的统一，尖锐地批判了宋明理学宣扬的"存理灭欲""以义斥利"的封建禁欲主义。李贽针对宋明理学为封建专制主义辩护的"存天理，灭人欲""正其谊不谋其利"等道德纲领，提出了穿衣吃饭即人伦物理的思想，人们相信，各种人际关系的形成都是为了满足基本的物质生活需要，如穿着和饮食。换句话说，没有穿衣和饮食，就没有道德可言。这就把神秘的"天理"还原为平常的人伦日用、现实生活，不是"人欲净尽"才能"天理流行"，恰恰相反，有欲才有理。在理欲关系上，其他进步思想家也都持"理"不能离开"欲"的观点，王夫之、戴震则给予了理学以毁灭性的批判。王夫之从理势统一的进化历史观的高度考察了这个问题。他强调理欲的统一，分别从历史的进化，性、情、欲、理的关系，人类道德心理的发生过程等多方面、多角度进行了论证，得出了"天理寓于人欲之中""理欲皆自然"的结论。他认为，"若无私欲，即无圣学"，痛斥道学家"离欲而别为理"的说教，是一种"弃物则，而废人之大伦"

的僧侣主义。他还分析了"公欲"和"私欲"的区别，指出："无理则欲滥，无欲则理亦废"，肯定"以理导欲"的必要性。他的这种认识，就其思维层次和全面性来看，达到了相当高的水平。戴震又进了一步，他认为"理"不是别的，而是"情之不爽失"，即情欲的合理的表现。他从认识论上把"欲"同"私""蔽"区别开来，特别是提出了"归于必然，适完其自然"的命题，对这一时期理欲关系问题，做了理论上的总结，并且初步揭示了人类道德生活中自觉和自发、自由和必然的辩证关系，把中国伦理思想在这些问题上的长期争论和探讨，提高到了一个新的水平。至于他对程朱和封建统治者"以理杀人"的种种罪恶的揭露和批判，在当时起到了振聋发聩的作用，是这个时代的最强音。

二、重义尚利观与启蒙的兴起

明清之际一批思想家对宋明理学进行了批判、总结。明末清初进步思想家对宋明理学的批判，虽各有侧重，由于学术渊源等原因，用以批判的理论武器也有所差别，但是他们从地主阶级改革者的立场出发，主张"经世致用"，或多或少反映了市民阶层的利益要求，有些言论带有一定程度的早期民主主义色彩。他们的义利观是商品经济发展与资本主义萌芽的历史趋势的反映，也是明末清初反理性思想的体现，更具有反封建主义的启蒙意义。黄宗羲、李贽、王夫之、戴震、颜元等人的义利思想，是这一时期道德启蒙思潮的杰出代表。在价值观方面，他们用具有时代新义的功利主义否定了传统的"正义不谋利"和宋儒的"不论利害，惟看义当为与不当为"的道义论以及"存天理，灭人欲"的禁欲论。这是明末清初反理学义利思想的核心话题，反映了这一时期商品经济发展和社会突变在道德领域发生的深刻变化，是明末清初时期反理学义利思想启蒙特征的基本标志。它作为一种新的价值观思潮，向传统的"贵义贱利""存理灭欲"的教条提出了强烈的挑战。于是，在中国的历史上又一次展现了新旧价值观之争的场面；反映在学术思想上，就是进步思想家在义利、理欲问题上，以新的功利主义对宋明理学的道义论和禁欲主义的批判。与宋代功利主义思潮相比，它不仅在理论上有了进一步发展，还具有新的时代意义。

道德是人类现实生存状况的反映，明末清初时期是一个中国社会新陈代谢加速的时代，新的道德观念、社会风俗在悄然萌生，旧的纲常名教虽然日渐腐败和衰落，但也更加强化和顽固。此时的儒家义利观体现出诸多新的特征与新的突破：第一，高扬人的主体性。虽然儒家也强调个体道德人格的培养，但是，这只不过是个体对群体伦理道德的自觉承担。因而，封建道德通过人伦关系来规范人，维持着等级道德秩序，而不是把人作为道德主体。或者说，作为道德主体的人还没有真正成长起来。阳明后学在晚明社会掀起了一股鼓吹情欲、张扬个性、发现自我的思潮，极大地冲击了正统理学"存天理，灭人欲"和以公灭私的义利思想，也撕开了理学压抑和束缚人性的"铁幕"，使得凸显个体自我价值成为思想启蒙的价值要求。第二，批判纲常名教。由于社会经济、政治开始出现一些新变化，明末清初的一些思想家对两千年来的封建君主专制制度的积弊开始作反思，进而对君主本身的存在进行了激烈的批评与质疑。这一时期的思想家们对纲常名教的批判还体现在对程朱理学义利观的批判上。自从程朱理学被作为官方意识形态成为科举考试的唯一评判，成了普通士人进入仕途的唯一途径，理学便失去了思辨性而变得程式化、刻板化，逐步演变为统治者维护礼教、表彰忠孝、强化三纲五常等封建道德的工具。随着中国封建制度弊端的日益显露，理学不再能够维持社会道德与社会秩序，走向了衰落，因此思想家们开始批判理学是无助于解决社会现实问题的无用之学。

第三，改造、反思传统义利观。在明清之际，新的生产关系开始萌芽，社会新的阶层正在形成。于是，一些进步思想家开始对传统义利观作反思，提出了一些具有近代因素的可贵义利思想。随着商品经济的发展，社会价值趋向也随之改变，突出了对追求利的认同。

第三节　重义尚利观与资本主义的萌芽

明末清初时期，不仅有朝代的兴亡更替，而且有更深刻的经济、政治、文化的缓慢变迁，进入了一个历史转型时期。道德是人们现实生活的反映，随着明末清初新的社会因素的滋长以及市民阶层的崛起，农民对社会变化的严峻挑战，西方思想文化的冲击以及清军入关造成的民族矛盾的激化，等等，都使社会产生了不同程度的震荡，严重影响了占主导地位的儒家道德价值体系，儒家义利观演进到了批判、反思和突破阶段。当时一批具有自我批判精神的思想家，从明王朝衰亡的历史教训和商品经济社会发展的现实中，认识到了理学义利观的危害，并对其进行了无情批判和反思，提出了反映新兴市民阶层利益要求的新的义利观，即重义尚利观，实现了对儒家传统义利观的突破和转型。儒家尚义反利观向重义尚利观的转变，是由明末清初中国社会现实所决定的。这一时期，中国社会经历了一个由衰而乱，由乱而治，再由治而衰的过程。明中叶以后，随着商品经济的发展，出现资本主义的萌芽，在清初时期由于实行了恢复农业、手工业生产和商业的措施，农业生产有了显著发展，商业繁荣，对外贸易发达。这一时期生产方式的变化为儒家义利观的批判反思提供了必要的条件。在政治上，土地兼并日趋激烈，官僚地主豪绅大肆掠夺土地，阶级矛盾尖锐，农民起义连绵不

断。清承明制，进一步强化中央集权的专制制度，加强了封建
统治。

一、封建制衰落及商品经济的发展

明中叶以后，中国社会的阶级关系发生了一些新的变化，阶级
矛盾十分尖锐。由于各种矛盾的汇集和激化，造成了明清之际的整
个社会的急剧震荡，与之相适应，这一时期的儒家义利观也因之出
现了某种新的动向，形成了重义尚利的义利观。首先，农民同地主
阶级的矛盾空前激化，反封建的农民起义大规模爆发。明朝中叶以
后，农民起义接二连三，最终汇聚成明末李自成、张献忠领导的农
民大起义。这次起义就有不少手工业工人和下层知识分子参加。起
义军鲜明地提出了农民的土地问题，形成了"除暴恤民""均田免
粮"的战斗纲领，终于推翻了朱明王朝，建立了短期的农民政权。
这次农民起义前后历时46年，规模空前，影响深远。它充分地暴
露了封建制度的腐朽性，也广泛地震惊了社会各个阶层，给这一时
期义利思想的发展以强大的推动力。其次，新兴市民的反封建斗争
也一度兴盛起来。随着资本主义萌芽的出现，手工业工人、中小工
商业者和城市贫民等新兴市民成为封建专制的敌对势力。虽然这时
新兴市民还没有形成独立的政治力量，但明万历以来，由于农民日
益破产，封建统治者转而加紧对城市工商业者的掠夺，垄断手工业
原料，加重工商业税收，限制矿产的开发，派出大批矿监、盐监、
税使到各地横征暴敛，因而激起了新兴市民的猛烈反抗。万历以

后，江苏、山东、浙江、福建、湖北、湖南、江西、河北、云南等地大中城镇，先后爆发了数十次大大小小的市民暴动。他们抗税、罢市、夺矿，怒杀盐监税使，提出了初步的民主要求。这种市民反封建斗争的影响，同样不能不把"事实的真相"用强力塞进当时的儒学思想家们的头脑，产生了新的义利观。最后，由于明王朝的腐朽，关外女真贵族也开始武装割据，民族矛盾日益激烈。明朝灭亡后，降清派贵族官僚们为了镇压农民起义，公然引清兵入关，更使得国内民族矛盾急剧发展。以汉族为主的各族人民展开了一场长达几十年的反对清朝统治者民族压迫和民族征服的斗争，将一大批出身于地主阶级中下层的知识分子卷入其中，斗争的实践使儒学思想家们接触到社会现实，体会到民间的疾苦，进而促成了新义利观的萌发。

明末清初，中国的封建社会开始进入晚期。在经济领域，这一时期，资本主义经济的萌芽在中国出现，悄然地使中国古老的社会发生微妙的质变。经过明前期百余年的休养生息，农业与手工业均有明显发展。从农业来看，由于生产技术有所提高，耕地面积不断扩大，生产作物的品种不断增多，如番薯、玉米等新的农作物逐步得到推广，长江以南生产的两季化也越来越普遍，农业生产总的来说较以前有一定发展。由于棉、桑、茶等经济作物种植面积日益扩大，农业由自然经济向商品化农业经济发展。而在牧区，一些地方又出现了商品经营性畜牧业。从手工业来说，纺织、制瓷等各行业工艺流程与技术进一步改良。手工业脱离农业独立发展的趋势较之前更为明显。随着各类作坊、工场规模的日益扩大，生产分工更加细密，势必雇佣他人。于是，明朝中晚期在丝棉纺织业发达的江浙地区出现了"机户出资，机工出力"的雇佣关系。资本主义因素就在这种土壤中萌芽出来。有的作坊主、矿主所雇用的工人数以千计，规模较大的纺织厂，织机数目达五六百张，织工与作坊主形成了雇主与工人的关系。大的雇主拥有不少生产资料和雇佣工人，占有了相当雄厚的资本。清初虽有长期战乱，使经济一度遭受破坏，但随着清朝统治稳定，经济逐渐恢复与发展。这一时期的自然科学也有了一定的发展。宋应星的《天工开物》从冶炼器械到生活用品都作了科学总结，徐光启的《农政全书》总结了以往的农业生产技术成果，李时珍的《本草纲目》成为我国古代本草的集大成作品，方以智的《物理小识》对天文、地理、数学、医学都作了一般性介绍。此外，明代来华的传教士在中国翻译了不少欧洲的自然科学著作，如利玛窦（意大利人）、汤若望（日耳曼人）、南怀仁（比利时人）等人都介绍了不少西方自然科学知识。这些外国传教士都与中国学者有一定的交往，如利玛窦与方以智父子交好，又曾与徐光启合译欧基里德的几何原理。这些西方科学知识的传入，无疑对中国自然科学知识的发展有一定的促进作用。[①]

　　明末清初时期是中国封建制度逐渐走向衰落，资本主义萌芽产生，并在坎坷曲折的道路上缓慢发展的时期。自战国以来，中国封建制度经历了2000多年的发展历程，至明代中期已趋成熟，并开始进入后期。从此，虽然封建经济也曾经回光返照，一度有过暂时的繁荣，封建的生产关系和上层建筑表面上仍貌似强大，但整个封

---

①　翦伯赞.中国史纲要：下册［M］.北京：北京大学出版社，2006：534-565.

建制度内里却腐朽了，它的总危机开始了。封建制度的腐朽和危机，首先表现在土地兼并的空前加剧以及土地的畸形集中上。明朝建国伊始就开始实行皇帝颁赐庄田制度，这种制度以后愈演愈烈，以致出现了占田数千亩乃至数十万亩的大地主，而广大农民则"控诉无所"。清朝政权建立后，满汉大地主合流，封建专制统治不断强化。顺治元年（1644 年）颁布了"圈地令"，允许清贵族和八旗兵丁强占民田。这种"圈地令"一直执行了四十年，民田被非法侵夺者，从中央到地方无法统计。与此同时，封建赋税也更加苛重。自明朝中期以来，"一条鞭法"得以实施，其弊端日益加深，田赋税收也不断增加，其名目繁多，不一而足。广大农民破产流亡，造成农村经济破产和农业生产力严重萎缩。

明清之际的儒家重义尚利观是中国传统农业社会后期特殊的历史条件下形成的产物，其主要社会基础是封建社会晚期地主阶级的政治改革者，直接动力是当时较严重的社会危机所激发的大规模的农民战争，辅助力量是当时新生的资本主义经济萌芽与早期市民运动的发展。因此，这一时期的伦理思想及义利观，虽包含很多"别开生面"的新内容，但不可避免地带有阶级和时代的局限性。明清之际是社会新思潮大激荡、大迸发的时期。一方面，明朝中后期资本主义萌芽的兴起、中国传统自然科学的综合性发展以及西方自然科学知识的传入，为这一时期的思想创新提供了社会动力和知识储备；另一方面，明朝灭亡、清兵入关所造成的"天崩地裂"的社会大动荡、大变革，激发了当时先进知识分子对宇宙、社会、人生的深刻反思，成为当时社会思想创新变革的又一动因。明末清初儒家重义尚利观是这一时期由于商品经济发展和社会骤变而造成的道德领域深刻变化的集中反映，也是伦理思想启蒙特点的基本标志。

二、封建集权制的进一步巩固

明中叶以后统治阶级日趋腐化，明代一直实行的是高度专制的中央集权制统治制度，皇帝历来对大臣不放心，故常常被宦官利用，如刘谨、魏忠贤等在内闱之中操纵权柄，崇祯皇帝更是刚愎自用，并立两厂制度监视大臣，弄得朝廷人人自危。皇室、宦官、官僚、大地主疯狂掠夺土地，占田多的竟达数百万亩，广大农民被推向破产的边缘，加上各种徭役和统治者的层层搜刮，荒灾不断，一般贫苦农民已经难以生活，地主阶级与农民的矛盾十分尖锐。明朝之际，汉民族与满洲贵族之间的矛盾愈加剧烈，李自成建立的大顺朝廷由于领导集团内部滋长的享乐思想，斗志减弱，加上吴三桂引清兵入关，李自成兵败南下，清兵随之长驱直入，汉民族与清朝贵族的矛盾一度上升为社会的主要矛盾。清王朝入主中原之后，对汉民族的反抗进行了血腥的镇压。为了有效地推引其统治，清王朝强令汉民族剃发，实行留发不留头的政策。明末清时期中国社会在新陈代谢过程中经历了一个由衰而乱，由乱而治，再由治而衰的过程。明朝的统治自英宗时代即已衰退，皇室、贵族的骄奢聚敛，使民众负担日益沉重。而这时，外患又始终不断，北方的鞑靼、东南的倭寇使明朝穷于应付。待满洲在东北兴起，更对明朝构成巨大威胁，使军费倍增，民众负担加重，越来越多的农民因破产而沦为流民，成为明中期以来的一大社会问题。在社会危机日益严重的大背景下，由自然灾害为导火线，在陕北爆发了农民起义，星火一起，迅速成燎原之势。李自成一举攻入北京，关外清兵趁机大举入关，清朝最终统一中国。封建制度的腐朽和危机反映到政治上，则是君主专制高度发展，特务横行，封建统治更加残酷。清雍正皇帝以非法手段夺得皇位后，为了对付复杂的政治局面，他不仅无限地提高皇权，而且重演明代特务政治的故伎。同时，由于专制王权的高度发展，阶级斗争尖锐复杂，明清最高统治者大都猜忌成性，怀疑一切，因而大兴文字之狱。清康、雍、乾时期，文字狱发展到了顶峰，仅雍、乾两朝发生的文字狱就有一百多起。当时文网严密，罗织极细，杀人焚书，司空见惯，整个社会谈虎色变。封建专制制度反动腐朽的本质暴露无遗了。

明清之际，随着封建制度的衰落，农民大起义和市民运动错综交织，阶级矛盾和民族矛盾犬牙交错，整个社会风雷激荡，呈现出一个"天崩地解"的局面。在这种特定的历史条件下，虽然新的阶级和阶级意识尚未形成，地主阶级内部的政治分化却加剧了。早在万历年间（1573年—1620年），一部分在野的开明地主及其知识分子面对封建制度的危机，纷纷组织各类文化、政治团体，讲学议政，抨击朝贵，要求消除弊政，改变现状。而明王朝的覆亡，清贵族的入主中原，更是使这些在野的地主阶级及其知识分子震惊于民族的危机和政治的变局，他们对汉民族自取败辱深感悲愤。在思想文化方面，他们利用自己的文化素养，对导致明朝灭亡和社会腐败的弊端进行了深刻的自我批判和反思。他们还从农民战争所展示的社会矛盾运动中，探寻历史发展的轨迹、政治改革的方向和民族文化复兴的未来。这种自我批判和历史反思把他们引向了对统治宋明数百年之久的道学唯心主义及其封建专制主义伦理思想的斗争。在这个斗争中，思想家们虽然没有摆脱旧的封建传统观念的束缚，却阐发了不少具有发展潜力的新思想，特别是形成了新的义利观，曲折地反映了当时的时代精神，成为这一时期新思潮的承担者。

明清之际的儒家重义尚利观，既是北宋以后新儒学的内在逻辑自我展开的结果，又是在与宋明唯心主义理学与心学的斗争中发展起来的。程朱理学一方面经受着陆王心学的外部批评，另一方面通过内部的理气之争，不断地修正理气关系说，到明末清初黄宗羲综合气、理、心三系思想，最终在王夫之的气本论伦理思想里获得了新的综合形式。王夫之主要继承了张载的义利思想，全面扬弃程朱、陆王学说，批判地总结了宋明新儒学的思想，使中国古代朴素唯物论与辩证法的理论形态达到了新的高度，成为后期中国封建社会伦理思想发展的逻辑终点。随着商品经济的发展，自16世纪初期明正德以后，弃农业而经工商者日增。在中国的历史上又一次展现了新旧价值观之争的场面。其反映在学术思想上，就是进步思想家在"义利—理欲"问题上，以新的功利主义对宋明理学的道义论和禁欲主义的批判。明末清初道德领域中新旧价值观之争，在理论上体现为"义利"关系和"理欲"之辨两个方面。在理与欲、义与利的关系中，这一时期的学者集中表达了以自然人性论为出发点的新理欲观和新义利观。李贽等思想家肯定"人欲"的合理性，并批判了"天理"说的错误，认为人欲是人的自然本性。清初，王夫之和颜元等人都肯定"欲"是人生的原动力，但他们都反对私欲，主张不可纵欲，并将人欲作为天理之一，在改造天理之内实现"公欲"。王夫之论证了天理与人欲、性与情的统一；戴震则认为，情就是理，在义利关系上，表现出功利主义特征，主张以功利作为衡量标准，在肯定谋利计功的同时，也部分肯定私利的合理性，这与"工商皆本"的社会主张相一致。

儒家重义尚利观的形成与当时封建专制统治的思想文化密切相关。明朝覆亡之后，清朝入主中原，这一重大变化极大地刺激了当时的思想家。他们不禁对过去的经济、政治、文化等的神圣性产生了怀疑，不少学者对过去进行了全面的批判和反思。王夫之不仅继承了先秦以来儒家伦理思想的优良传统，还对宋明的理学伦理思想进行了全面的理论清算，建立了我国历史上体系最完备的元气本体论的伦理思想体系。顾炎武痛彻地指出，明王朝的灭亡与程朱理学的腐败有密切联系，这些理学家高谈心性义理，于国计民生不置一词，还自以为清高，以为是从事圣人之道。因此，他要求大家都来关心时事，关心国家大事，提倡经世致用的学说。黄宗羲写了《宋元学案》和《明儒学案》两部巨著，对六七百年间的伦理思想的产生、流传及其内容进行了比较全面的整理，对于我们今天研究这三个朝代的伦理思想仍有重要作用。明清之际还出现一股批判思潮，除王夫之对宋明理学从哲学上进行批判外，许多思想家还对封建政治伦理纲常作了较为深刻的批判，批判最多的是君主专制制度。王夫之指出，"公天下，家天下"，要求人们"循天下之公"，认为"天下非一姓之私"，明确指出国家民族的利益是天下古今通义，它高于一家一姓的兴亡，高于某个王朝的利益。王夫之以气质之性、戴震以血气心知人性论批判了宋明理学的"天命之性"，强调人性中的感性因素，由此进一步强调人们感性欲望的合理性，王夫之明确指出天理即在人欲中，戴震强调理存乎欲中，并揭露宋儒"存天理，灭人欲"的说教是"以理杀人"，反对宋明理学的禁欲主义道德。李贽指出，穿衣吃饭即人伦物理，从道德的高度肯定了人们的物质欲望。戴震认为道德离不开人们的人伦日用，又从道德的角度作了补充。颜元强调实学，要求人们在习行上用功，反对空谈性命义理。总之，明清之际是一个批判的时代，是理论反思的时代，是中国古代伦理思想发展史上的一个极其重要的阶段，思想家们对传统文化的批判，在一定程度上反映了新兴市民的部分利益和需求，形成了一股早期启蒙思潮。

第五章

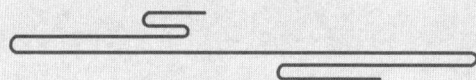

儒家义利观的现代性转化

儒家义利观在中国历史上备受推崇，影响深远，这本身说明它在一定时期和某些方面，能够适应中国社会向前发展的需要。我国作为一个文明古国，在丰厚的文化底蕴中，积累了大量令人惊叹的精粹，其中不少存在于儒家义利观中。这种义利观虽然是一定时代的产物，但它对于中国社会的某些积极影响，并不限于某个时代，对于马克思主义义利思想在中国的传播、融合和发展，都发挥着重要的作用。社会主义义利观是中国历史上前所未有的新型义利观，它的建立和发展，从一个重要方面反映出中国先进文化的前进方向。市场经济条件下的社会主义义利观，是马克思主义义利观的继承和发展，也是儒家义利观的现代性转化和创新性发展。

第一节　中国近代义利观的形成与转型

中国近代是指处于半殖民地半封建社会的历史时期，始于 1840 年的第一次鸦片战争，止于 1949 年中华人民共和国的成立。但是近代反帝反封建的资产阶级民主革命，以 1919 年的五四运动为界，根据革命领导权的不同又分为新旧两个时期。中国近代义利观是近代半封建半殖民地社会的产物，也是由旧的义利思想逐步向反帝反封建的新的义利思想转变发展的过程。近代以来，由于资本主义商品经济缓慢发展，自然经济逐步解体，在意识形态上表现出要求个性解放、肯定人们的合理欲望以及与商品经济相适应的义利观。道德原则和规范不是一成不变的，其变化发展表现出明显的时代性和经济发展水平的特征，并深深地打上了阶级的烙印。中国近代的社会转型必然引发义利观的转型，中国传统义利观为越来越多的青年知识分子所厌弃，出现了在义利观上弃旧图新的强烈愿望。

一、近代义利观形成的社会历史背景

从明中叶开始，资本主义列强开始与中国进行各种交易，然而，由于清王朝的锁国政策，限制了西方各国的商品资本侵入。一方面，资本的本质决定了它必然要向外扩张；另一方面，以小农自然经济为基本生产关系的封建大国却竭力维护自身的生存，又必然要抵御资本主义的侵入。于是，二者就不可避免地发生矛盾，矛盾冲突的激化就必然引起战争，这一冲突形式在中国近代的表现就是鸦片战争的爆发。鸦片的输入，给中国社会造成极大的危害，英国统治者为了保护罪恶的鸦片贸易，进一步扩大对中国的侵略，于1840年发动了鸦片战争，尽管广大人民积极奋起反抗，但由于清王朝腐败无能，一味妥协投降，1842年8月终于签订了《中英南京条约》。从此，西方列强以其大炮轰开了中国古老的大门。此后，又接连发生了八国联军入侵、中日甲午战争等系列战争，大片国土流于敌手，国家主权被分割、瓜分。鸦片战争给中国带来深重灾难：第一，它打破了中国封建社会的稳定与平静，极大地冲击了封建王朝的封建小农经济基础，动摇了清王朝的根基。第二，西方列强侵略并不是为了帮助中国发展资本主义，而是为了倾泻他们的过剩资本，把中国变成他们的销售市场，掠夺中国丰富的物资和人力资源，并进而把中国变成他们的殖民地。第三，列强对中国的侵略不是一国武装占领，而是以武力为后盾，进行政治、经济、文化侵略，而且各列强包括日俄纷纷馋涎于中国这块肥肉，各国把中国当作较量的战场。美门户开放、利益均沾的政策更把中国带入了深渊，这种状况造成了一个恶果，即各国都在中国统治层中寻找代理人，最后形成封建割据、军阀混战。总之，反帝反封建是中国近代历史上的主要任务。

鸦片战争时期，清朝面临统治危机。在经济上，土地兼并与日俱增，官僚、地主、高利贷者采用种种手段，掀起了兼并土地的狂潮。军事上，由于承平日久，武事荒废，军队也渐渐失去了战斗力。清王朝的腐朽统治使国内矛盾日趋激化，秘密结社遍及全国，农民起义接连发生。对清王朝的统治造成更大挑战的是叩关而来的西方资本主义列强。以英国为首的西方资本主义国家为了改变巨额的贸易逆差，急于打开中国市场，扩大对华贸易，于是向中国大量走私罪恶的鸦片，造成中国白银大量外流。鸦片贸易给西方殖民者带来了血腥而高额的利润，却给中国造成了深重的灾难。鸦片泛滥毒害和摧残了中国人民的精神和体质，造成了社会生产力的严重萎缩，导致社会购买力日益下降，银贵钱贱，财政枯竭。鸦片战争后，清王朝更加腐败，加之外敌不断入侵，国土不断被蚕食，民族生存面临严重危机。鸦片战争使中国社会性质发生了根本变化，中国由一个独立的封建主权国家逐步沦为半殖民地半封建国家，社会主要矛盾转变为帝国主义与中华民族之间的矛盾、封建主义与人民大众的矛盾。这种社会性质决定了中国近代思想文化的主题是反帝、反封建的。这一时期，各个阶级、各种社会力量、各种政治派别的各种思想主张、理论方案以及解决办法，大都围绕着救亡图存、振兴中华、实现民族独立与解放而展开。

在两次鸦片战争和镇压太平天国运动的过程中，一批在一线指挥作战的中央政府官员和地方封疆大吏切身体验了洋枪洋炮的威力。他们认识到"借法"自强、制造枪炮船舰就成为清政府维持统治的首要选择。洋务运动的发生还与西方列强在第二次鸦片战争后的新的对华政策有关。1860年《北京条约》签订后，西方列强改变了以往单纯以武力征服的办法，开始用温和的外交手段对清政府施加影响，以便在中国建立半殖民地统治的新秩序。1861 年，英国等西方国家支持西太后发动政变夺取政权，西方列强纷纷表示愿意向清政府提供军事上、经济上的帮助以镇压太平天国运动。洋务运动的范围非常广泛，他们制造枪炮舰船、兴办近代化的工矿企业、设立学堂、派遣留学生等，在一定程度上推动了近代中国生产力的发展和民族资本主义的产生，促进了近代军事工业和国防发展，抵制了外国资本的输入。但是，它在新兴经济领域所采取的垄断政策对民族资本的发展又产生了阻碍作用，它在外交领域所实行的妥协政策也大大降低了其抵御外资的作用。正因如此，洋务运动最终没有使中国走向富强，也没能阻止中国在半殖民地半封建社会轨道的滑行。

甲午战争的失败标志着洋务运动的破产。19 世纪 70 年代，在洋务派创办官督商办企业的同时，也出现了一些商办企业。这些商办企业的兴办催生了中国的早期民族资产阶级。中国民族资本主义从诞生之日起，就遭受来自外国资本主义的巨大压力。西方国家凭借强大武力强迫清政府签订不平等条约，通过把持中国海关、开辟通商口岸、控制航运事业等方式将中国变成商品倾销地和原材料掠夺地，使中国民族资本主义很难与西方企业展开竞争。中国民族资本主义在国内还受到封建势力的压榨，清政府对民间企业的横征暴敛，加重了企业的负担。中国民族资产阶级特别是其上层，同帝国主义、封建势力既有矛盾，又有联系。在经济方面，他们投资兴办企业，从事资本经营活动，同时拥有大量土地、房产、典当、商号，进行封建剥削；在政治上，由于受到帝国主义和封建势力的双重挤压，他们迫切要求改变现状，以便为资本主义的发展提供更好的保障。帝国主义在扩大资本输出的同时，出于保护和独占市场的目的，开始加大对中国的侵略，划分各自势力范围，掀起了瓜分中国的狂潮。

1901 年《辛丑条约》的签订，标志着中国完全沦为半殖民地半封建社会，清政府从此沦为"洋人的朝廷"，中国社会的各种矛盾日益尖锐，民族危机空前严重。辛亥革命时期的中国社会，内忧外患日甚一日，致使民族抗争频繁。清政府名义上虽存，但实际上已沦为帝国主义在华的总代理人。清朝贵族入主中原以来，长期推行民族歧视政策，使清朝贵族与汉族的矛盾加剧，满汉民族矛盾日益凸显。《辛丑条约》签订后，帝国主义加紧了对中国的资本输出，他们以经济侵略为主要手段，除经营产业、贸易、交通外，尤其加强了经济上的投资与政治性的贷款。为了抵制外国资本的侵略，一些思想家提出了"实业救国"的主张，在一定程度上刺激了中国近代企业的发展。清政府的腐败统治也激起了人民群众的反抗，为了挽救民族危亡，以孙中山为代表的资产阶级革命派提出了建立民主共和国的理论和方案，发动了辛亥革命，推翻了封建帝制，建立了"中华民国"，但清廷的推翻，民国的建立，既未实现民族独立、人民解放，更没有实现国家富强、人民幸福。在袁世凯攫取政权后，中国一度陷入更加黑暗的深渊。于是，以陈独秀为首的一批更为激进的青年知识分子发动了新文化运动，对中国的社会变革作了新的、更深入的探索。

中国近代的社会转型势必引发思想文化和义利观的转型。中国近代的新旧斗争在思想文化领域同样尖锐激烈。随着西学东渐步步深入，西学在中国广泛传播，西方近代的一套思想观念、学说理论被越来越多的中国青年知识分子接受。与之相应，中国的"旧学"则为越来越多的青年知识分子所厌弃，这样，在思想文化上同样出现了弃旧图新的强烈愿望。随着社会变革的逐步深入，文化革新的呼声日益高涨，于是出现了19世纪末20世纪初诸多文化领域的所谓"革命"。先后提出的有"诗界革命""小说界革命""史界革命""道德革命"，以至于"圣贤革命"。到"五四"新文化运动时期则集中为"道德革命"和"文学革命"，成为这场思想文化运动的两大焦点。所谓"革命"，这是借用当时流行的政治用语，其本义就是变革、革新。这场文化革新运动始于戊戌，经过辛亥革命阶段，到"五四"发展到高潮，对中国社会造成了巨大影响。在马克思主义传入中国之后，这场文化运动又迅速转变为马克思主义传播运动。于是，在近代中国，不仅政治、经济格局发生了明显变化，文化大格局也出现了明显变化。这一社会现实的发展变化为中国近代义利观的形成和转型奠定了唯物史观基础。

中国近代义利观错综复杂、交替并存。有重义倾向的，有重利倾向的，从地主阶级改革派的义利观到洋务派的义利观，从早期维新派的义利观到维新派的义利观，直到革命派的义利观，各不相同，又趋向一致。近代之所以出现多种义利观交替并存的现象，是由当时的社会历史背景决定的。从古到今，每当社会变革之际，价值取向及其继承、变革和发展的问题就会突出，义利问题的激荡、论争就会成为一个关键性的问题。义利问题反映的是从每个人到全民族都奉行的价值目标和价值取向，而在每一次的社会变革中，随着全社会在一定的广度和深度上发生变化，人们先前追求的价值都要到发生变化了的现实中接收检验和筛选，它本身势必也要发生变化；而足以引导和支持社会变革的新的价值观则只能逐步地酝酿和生成，这需要经历一个漫长而不无痛苦的过程。在这个过程中，不同价值和价值取向之间的碰撞、交锋和论争会特别激烈，而按照中华民族的传统，世间丰富多彩的价值可以通约为义、利二者的矛盾斗争。因此，每当社会变革关头，义利问题就尤为突出，成为一个关键。

二、中国近代义利观的转型

中国近代呈现出多种义利观交替并存的现象，从一个侧面说明用以规范人们行为的传统伦理道德面临着新的危机和挑战，面临着从传统到近代的转型问题。中国近代义利观错综复杂，具有由传统义利观向义利并重的近代义利观发展演变的趋势，但是由于种种原因，重义轻利的传统义利观依然占据着主导地位。

由于封建制度的衰败而引起的社会震动和由于帝国主义列强侵略而带来的资本主义思想的冲击，以龚自珍、林则徐、魏源等为代表的地主阶级改革派，在宣传、倡导"经世致用"之学和传播有近代色彩的爱国主义思想的过程中，对传统封建伦理道德的腐朽作用进行了一定程度的批判，提出了一些有利于资本主义因素生长的开明道德主张。因此，这个时期可以看作是中国近代资产阶级义利思想的萌芽和准备时期。在封建社会中，农民革命运动不但是推动社会进步的巨大动力，而且是推动道德进步的巨大动力。中国近代史上最大一次农民革命运动的太平天国运动就生动地说明了这一点。在太平天国农民革命中，洪秀全、洪仁玕等革命领袖明确提出了反封建的经济、政治、文化纲领，大胆否定了封建伦理纲常，论述了具有近代民主主义色彩的道德主张，因而引起了封建卫道士曾国藩等的恐惧和疯狂反扑。太平天国运动提出的伦理思想，是在封建社会的历史上对以儒家道德为代表的封建正统道德的一次最大冲击，这对中国近代资产阶级义利思想的形成具有很大的促进作用。在戊戌改良主义运动中，康有为、谭嗣同、梁启超、严复等人的思想主张以及他们进行的维新变法运动，表明中国民族资产阶级已经发展成为一种社会政治力量。以康有为等为代表的维新派企图通过自上而下的改良运动，建立起君主立宪式的资本主义制度。在义利思想方面，他们积极传播西方启蒙时期的资产阶级道德观点，以资产阶级道德观为武器批判封建专制主义的道德观。戊戌变法时期改良主义思想家们的义利思想具有明确的资产阶级性质，标志着中国资产阶级义利思想已经初步形成。辛亥革命时期，以孙中山为代表的资产阶级革命派思想家为进行资产阶级民主主义革命，进一步批判了传统的封建伦理道德，特别是批判了封建道德思想支柱的孔孟之道。他们与以康有为为代表的维新派进行了长期的思想斗争，批判了维新派的改良主义思想，揭露了他们的道德复古主义主张，从而为资产阶级义利思想的进一步传播扫清了障碍。他们吸取和借鉴了西方近代的资产阶级义利思想，并与中国传统道德观相结合，形成了资产阶级性质更加鲜明和比较系统的义利学说。作为近代资产阶级一次伟大的民主主义革命，辛亥革命不仅对封建伦理道德进行了一次最深刻的冲击，而且使西方近代资产阶级义利思想在中国得到了更广泛的传播。辛亥革命时期资产阶级义利思想的进一步发展，也为五四时期"提倡新道德，反对旧道德"的伦理道德革命奠定了思想基础。

中国近代义利观是近代伦理思想的缩影，近代伦理思想又是随着近代中国整个社会思潮的发展而不断变化发展的。中国在甲午战争的惨败使中国陷入空前严重的民族危机。在深重民族危机的刺激下，中国新兴资产阶级的代表人物被迫仓促登上历史舞台，发动了戊戌维新运动。正是戊戌维新运动正式拉开了中国近代道德转型的序幕。发端于戊戌的"道德革命"在辛亥革命时期继续深化，到"五四"新文化运动发展到高潮。孙中山通过对中国传统伦理道德的反思与继承，把传统的义利关系改造成道德文明与物质文明的关系。在"五四"时期"道德革命"更受到人们的关注，获得众多青年知识分子的广泛认同，从而形成了巨大的声势，造成了广泛而深远的影响，以"三纲"为核心的旧道德、旧礼教遭到猛烈批评、深重打击，"合理利己"主义、个人主义在青年知识分子中影响也更大。经由五四运动的洗礼，部分中国知识青年从思想观念到精神风貌都发生了新的变化。随着马克思主义传入中国，中国伦理思想开始进入一个新的历史时代。中国近代义利观在一定程度上已经开始摆脱传统的轨道，带来了传统义利观的部分解构，促进了新的义利观的建立，在客观上刺激了传统文化，迫使其不得不迎接近代化与西方文化的挑战，迎接多种义利观的挑战，为传统义利观向近代义利观的转型做了准备。它使人们的道德观念、社会风尚、精神面貌发生了重大变化，推动了近代中国革命道德的发展，进而推动了其他文化领域的革命。中国近代义利观的发展演变符合历史的前进脉搏，顺应了社会发展趋势，有一定的前瞻性，对社会的各个方面产生了广泛的影响。中国近代义利观在义与利、群与己、公与私等关系中融入一些辩证思想和唯物因素，这在当时的思想领域对于转换人们僵化的思维模式、促进中国近代理性思维的形成和思想进步，具有积极的启蒙作用。①

---

① 赵璐.中国近代义利观［M］.北京：中国社会科学出版社，2007：177-179.

第二节　儒家义利观的现代转化与创新发展

儒家义利观虽然经历了不同的发展演变阶段，其内部各个派别的认识观点不一，甚至相互抵触，但是由于儒家各派别的基本主张是一脉相承的，表现出共同的价值特征，提倡道义优先，主张公利至上；推崇仁爱互利，倡导和谐人际关系；注重克己守义，尊奉顺天爱物。儒家义利观中的许多范畴和命题是在一定的历史背景中形成的，具有特定的内容，反映了不同时代共同的价值追求，从中可以演绎出具有普遍意义的价值准则。对于在中国数千年来占主导地位的儒家义利观，我们应当以特殊性和普遍性、个性和一般、具体和抽象相统一的全面眼光来看待，取其精华，去其糟粕，推进儒家义利观的创造性转化和创新性发展。习近平指出："我们努力实现传统文化的创造性转化、创新性发展，使之与现实文化相融相通，共同服务以文化人的时代任务。"①

一、儒家义利观的突破与转化

我国社会主义市场经济的形成和发展，使计划经济条件下的旧思想和旧观念受到激烈冲击，同时引起人们义利观的新变化，其中

①　习近平. 习近平谈治国理政：第 2 卷 [M]. 北京：外文出版社，2017：313.

有积极变化的一面，也有消极变化的一面。我们应当用历史发展的、全面辩证的眼光来看待其变化，这有助于了解当代中国社会主义义利观形成的特定背景，有助于从某个重要方面认识确立这种义利观的现实意义。市场经济的发展促使广大社会成员突破重义轻利的传统观念，剥离了计划经济时期附加在革命道义之上的"左"的东西。这是一种具有历史意义的进步，也是人们义利观转变的主流，即其变化的主流是进步的。我国的社会主义市场经济是市场经济共性与社会主义特性的相互统一。就市场经济共性而言，其运行必须遵循市场经济规则和价值规律，市场运行机制必然促使商品生产者追求利益最大化，实现更多的利润，即在价值取向方面，市场经济表现出强烈的趋利性特征。也就是说，市场经济体制是一种最大限度谋求利益的体制，而牟取利益是市场主体从事生产经营活动的直接驱动力。市场经济的运行会导致人们普遍关注个人利益，强化个体意识，这说明市场经济也是对某种个体化的价值取向的确认。由此可知，趋利性和个体化是市场取向的两个显著特点。在这一现实条件下大力发展市场经济必须讲求功利，注重个人的能力，发挥主体作用和获得经济利益。这种状况必然促使人们重新审视和估价原有的某些价值信条，导致对儒家传统义利观的某种突破。

在马克思主义义利学说的引领下，推进儒家义利观的创造性转化和创新性发展，形成社会主义新型义利观，具有重要的理论意义和实践价值。在中国历史上，以儒家义利观为主体的传统义利观一直处于这样那样的变化之中。儒家义利观自汉代被确定为国家的意识形态之后，虽然有过激烈争论，但在一个很长的时期内，并没有动摇它在各种义利观中的优势地位，也没有改变其根本性质。① 在市场经济不断发展、改革开放进一步深化和全面建设社会主义现代化国家新阶段的社会历史条件下，我们要加快推进儒家义利观的现代性转化，这也是新时代增强文化自信、建设文化强国面临的重要课题。

我们要在吸收和借鉴其他国家建设和发展经验的同时，对中国传统文化中能够促进经济社会发展的因素加以充分利用，促进我国优秀传统文化的时代传承。如今我们倡导的义利观，表现为在追求物质利益的同时注重社会道义，正确处理个人利益与国家、集体、人民利益的关系，实现儒家义利观的现代性转化，建构新时代中国特色社会主义的义利观。从个人层面而言，需要做到责、权、利的统一；从国家层面而言，应体现以人民为中心的基本宗旨；从国际层面而言，应着力推动构建人类命运共同体。我们今天倡导的义利观具体表现为在追求物质利益的同时注重社会道义，坚持合法谋利，义利并举，正确处理个人利益与集体利益的关系。公民有追求自己合法利益的权利，但必须严格依照法律，反对通过任何违法以及不正当手段来获取利益的行为。在新时代传承发展义利观，应着力于反映人民对美好生活的追求和向往，推动构建人类命运共同体；应立足于人民日益增长的美好生活需要和不平衡不充分的发展之间的这一社会主要矛盾，反映社会发展的基本规律。具体要做好以下工作：第一，要根据中国特色社会主义新时代的新情况新特征

---

① 黄宜亮. 社会主义义利观：面向 21 世纪的价值选择 [M]. 长沙：湖南人民出版社，2001：89.

去指导人们的经济活动，做到责、权、利的有机统一。第二，要按照市场经济客观规律来对待义利观的转化，正确处理义利之间的相互关系，既强调利对义的基础作用，又要重视义对利的反作用。在两者统一的前提下，反对唯利是图、见利忘义的错误思想，主张义利兼顾，以义制利，达到义利关系的辩证统一。第三，儒家义利观的转化必须坚持以人民为中心，应当把国家利益和人民利益放在首位，同时充分尊重个人的合法权益。我们要大力倡导和发展与社会主义市场经济相一致的义利观，以效率、公正、竞争等内容作为个人的价值取向，倡导社会正义、集体主义精神，注重整体利益。在市场经济条件下，我们要引导人们采取正当手段谋求利益，在个人利益与人民利益发生冲突时，以人民利益为重；要使个人发展与其他利益主体相协调；要引导个人注重经济利益和精神追求协同发展，实现个人全面发展的价值目标。在国际层面上，儒家义利观的现代性转化主要表现在三个方面：一是彰显中国特色社会主义道义观。在国际事务中，主持公道、追求正义、践行平等是中国历来的优良传统。我国高度重视维护发展中国家的正当权益，将更加致力于通过南南合作提升发展中国家的经济水平、推动世界各国的互利共赢与繁荣发展。二是弘扬以义为先的义利观。我国儒家传统文化非常注重处理义利关系，讲求重义轻利、先义后利、取利有道。中华人民共和国成立后，我国一直秉承以义为先的优良传统，长期支持亚非拉国家的经济发展，不断推动各个领域的互利合作，切实帮助它们实现经济发展、解决民生问题的迫切愿望。三是秉持量力而行、尽力而为的责任观。我国是一个发展中大国，经济总量位居世界第二，在自身经济实力不断发展的同时，为世界提供更多的公共产品是一个大国应尽的国际义务。我国在实现自身发展过程中注重维护发展中国家的正当权益，推动与其他国家的互利共赢，体现了帮助发展中国家的无私仁义，体现了维护世界和平与发展的国际正义，体现了推动世界利益共同体向人类命运共同体转变的责任和道义。[①]

儒家义利观的现代性转化，是同当代中国社会主义义利观的建设紧紧联系在一起的。赋予传统义利观的转化以辩证的性质就能够使其合理因素重放异彩，为中国特色社会主义事业服务，也有助于社会主义义利观在当代中国社会的形成。实现儒家义利观的现代性转化，既要研究这种转化本身的方式问题，又要考虑到其转化方式之外的有关问题。现实生活的许多因素，特别是市场经济的发展，都会对传统义利观的辩证转换产生特定的影响。儒家义利观所倡导的道义优先精神代代相传，继续造就着一种民族奋发的力量。在中国特色社会主义新时代，我们应该使重义者同时获得道义上的褒扬和利益上的满足。

二、社会主义新型义利观

"理论在一个国家实现的程度，总是取决于理论满足这个国家的需要的程度。"[②] 五四新文化运动是对传统意识形态和伦理道德的

---

① 王木林. 儒家义利观的时代传承 [J]. 人民论坛，2020（6）：138.
② 中共中央马克思恩格斯列宁斯大林著作编译局. 马克思恩格斯文集：第1卷. 北京：人民出版社，2009：12.

一次总清算，促进了马克思主义义利学说在中国的传播。五四运动之后，中国的社会性质、经济关系以及主要经济问题虽然没有发生变化，但伦理思想却发生了根本性的变化，无产阶级思想成为反帝反封建的主要理论武器。以毛泽东为代表的无产阶级革命领袖从斗争实践出发，丰富和发展了马克思主义义利学说，从而将马克思主义义利学说推到了一个崭新的阶段。中国近代的核心问题是民族的生死存亡问题。自鸦片战争以来，西方列强入侵中国，使这个有着几千年文明历史的中华民族受到来自外部世界的强大压力，国家处于危亡之中，人民处于水深火热之中，中国的先进分子对此有着深刻的感受，并提出了各种救亡图存的方案。他们又发现在封建主义条件下，是不可能消除民族危机并使中国强大起来的，于是奋起反对封建主义本身。所以，五四爱国运动也是一次新文化运动，中国的先进分子为了倡导新文化，向封建主义旧文化发起了猛烈攻击。在马克思主义传入中国之初，以李大钊、陈独秀为代表的知识分子已经开始从这一理论出发构建新型的义利关系。毛泽东从中国国情和中国共产党人的实际出发，提出了"革命的功利主义"思想，对义利之辨作出了新的回答，不仅深化了马克思主义义利学说，也为之增添了新的内容。毛泽东的这种功利主义，与为人民服务、集体主义有着内在一致性，即在价值观上树立为人民服务的观念，在道德价值取向上坚持集体主义原则，而在道德评价上坚持动机与效果的辩证统一。

中国传统义利观的近代演变是启蒙思想家围绕救亡图存而选择的伦理价值工具的体现。由于近代中国启蒙思想家片面追求经世致用，导致政治斗争压倒伦理道德观念，使整个近代义利思想思辨深度不够，没有形成系统完整的思想体系。在社会实践中，传统义利观虽然经过了近代转型，但并未彻底改变。社会主义现代化建设有赖于市场经济的建立和发展，也促进了市场经济的不断完善。市场经济培育了独立自主的市场主体、平等互惠的契约关系，界定了产权关系和分配原则，使市场主体与市场形成了一种良性的互动关系。建设社会主义市场经济是中国人民在艰难探索中形成的共识，也是我国经济社会发展的必由之路，更是一项伟大创举。社会主义市场经济体制是社会主义物质文明和精神文明相互统一的体制。社会主义精神文明建设，实际上要求构建与社会主义市场经济相适应的义利观，即把国家和人民的利益放在首位，充分尊重和保护公民个人的合法利益，实现义利相互统一。义利观的构建意味着其主导地位的普遍确立，就是应该通过某些外部手段来完成。我国社会主义市场经济要求树立新型义利观，建立社会主义市场经济体制也就是把社会主义优势和市场经济优势相结合的体制。社会主义市场经济的发展要求充分重视伦理道德的调节作用，形成正确的价值观念，处理复杂的利益问题，而这需要确立科学的义利观。市场经济在我国的形成是历史的必然，我们应当从价值观和历史观相统一的角度，充分认识确立科学社会主义义利观的重要意义。在市场经济条件下，生产、交换、分配等活动具有高度的社会性，个人的道德行为对社会产生重要的影响。当然，我国现阶段的社会主义市场经济，一方面要遵循市场经济一般规律，另一方面又要受到社会主义本质的制约，为社会主义的根本任务和基本要求服务。随着社会主义市场经济的发展，我国必然要求科学的义利观与之相适应，为其提供精神动力和思想保证。这要求我们充分利用社会主义核心价值观和社会主义义利观，来影响和引导人们其他价值观，为社会主义市场经济发展创造必要的思想和文化条件。社会主义义利观所提倡的义当然是社会主义之义，社会主义义利观提倡的利就是公利和个人合法之利，这二者是相互统一的，即义利统一。践行社会主义义利观，弘扬社会主义核心价值观，有利于我国在发展市场经济的过程中坚持社会主义性质，有助于全面建设社会主义现代化国家，实现中华民族的伟大复兴。

义利观是经济伦理思想的重要组成部分，历史上不同人生观、价值观和道德观之间的分歧和斗争通常集中体现在义利观上。党的十四届六中全会提出了"社会主义义利观"的科学概念，并将其写进党的决议，无疑具有历史性贡献。但社会主义义利观的提出并不是纯粹偶然的，从理论渊源上说，它是继承毛泽东无产阶级的革命功利主义和邓小平社会主义功利主义基础之上的一种新发展，是我们党在建立和健全社会主义市场经济的历史条件下对如何建设社会主义精神文明的一种新的理论探索，熔铸着将社会主义市场经济与社会主义精神文明结合起来的理论成果。党的十四届六中全会决议提出的社会主义义利观，实质上是要树立社会主义市场经济条件下正确的义利观，用社会主义精神和邓小平建设有中国特色社会主义理论处理义利关系。从某种意义上讲，它是一种具体的符合社会主义市场经济发展要求，并为社会主义市场经济体制的建立和完善服务的义利观，是同社会主义初级阶段的现实状况相吻合并为社会主义初级阶段两个文明建设服务的义利观，因此有其特定的含义。但是，由于中国现在和未来很长一段时间都将处于社会主义初级阶段，我们所说的一切从实际出发，其实就是从社会主义初级阶段的实际出发。社会主义新型义利观奠基于我国拨乱反正和改革开放的伟大实践，同时与建立完善社会主义市场经济的历史进程密切相关，也体现和反映着物质文明、精神文明协调并进的时代主题。社会主义市场经济是在注重集体利益和国家利益的前提下，充分保护和尊重公民个人合法利益的一种利益经济，因而它能够调动人们的劳动的积极性和创造性，增强人们的竞争意识和效率观念，更有力地推动了中国经济的振兴和社会的进步。但是，我们又不能不看到，在改革开放与建立市场经济体制的新形势下，由于西方发达国家意识形态的渗透及其价值观念的影响，以及中国封建社会遗留的腐朽思想及小生产习惯势力、小农意识的影响，使得相当一些人在追求个人利益观念的指导下，往往诱发出自私自利、损人利己、损公肥私、唯利是图、见利忘义和背信弃义等行为。他们置他人利益、集体利益和国家利益于不顾，出现了损害他人利益、社会集体利益和国家人民利益的严重后果。党的十四届六中全会决议既肯定了社会主义市场经济是我国经济振兴和社会发展的必由之路，又强调了其历史合理性和社会道德价值，形成了"把国家和人民利益放在首位而又充分尊重公民个人合法利益的社会主义义利观"。社会主义义利观的科学论述虽然简明却高屋建瓴，虽然通俗但内涵丰富。社会主义义利观的本质内涵表现为：第一，义利观与社会主义本质的统一。把义利观与社会主义的本质把握联系起来，充分地肯定社会生产力的决定性作用，强调"三个有利于"标准。第二，把国家和人民利益放在首位。将国家和人民的利益放在首位的道义论，既体现了集体主义原则的基本要求，也突出了以服务人民为核心的道德建设的基本精神。第三，尊重和保障公民个人合法利益。主张把国家与人民利益放在首位的同时，尊重公民个人的合法利益，认为这不仅是考虑利的要求，而且是社会主义道义精神的应有内涵。第四，促进世界和平发展，构建人类命运共同体。我国是社会主义国家，社会主义反对人与人之间、国与国之间的不平等，我们坚持世界各国不论大小一律平等的国际道义准则。第五，实现人与自然和谐共生的生态道义。这要求我们审慎地处理好同自然界的关系，实现人与自然的和谐共生。善待生态环境，就是善待我们人类自身。

社会主义义利观植根于社会主义建设的伟大实践，批判和继承了各种义利观的理性因素，总结和概括了社会主义建设的经验和成果，贯穿着马克思主义唯物史观科学理论的精神。所以说，它是人类历史上最理性、最先进的义利观，有着继承过去、立足现实、开拓未来的特殊功能及其作用。社会主义义利观的基本特征是义利统一，也只有社会主义社会才能形成科学的义利统一观。社会主义义利观具有三个基本特征：一是坚持义利并重，把社会利益与个人利益有机地结合起来；二是反对重利轻义，主张将国家和人民的利益放在首位；三是破除重义轻利，充分尊重公民个人的合法利益。坚持社会主义义利观，有利于正确地认识及处理改革、稳定和发展的关系，用发展和改革来维系社会稳定的战略目标。社会主义义利观与社会主义集体主义，其本质是相通的，社会主义义利观的核心精神实质就是社会主义集体主义，社会主义集体主义在义利关系上的表现就是社会主义义利观，它充分尊重及保护个人合法利益，肯定个人利益的合理性，并主张把个人利益与集体利益有机统一起来，这与社会主义义利观的精神实质是完全一致的。也就是说，坚持社会主义义利观就是坚持社会主义集体主义，坚持社会主义集体主义也必然要求坚持和弘扬社会主义义利观。新型的社会主义义利观强调把国家和人民的利益放在首位，充分尊重个人的合法利益，一方面突显国家和人民利益优先，另一方面又肯定了公民个人的合法利益，这就为整个社会提供了一种正确的价值导向，有助于统一全国各族人民或群体的价值取向，凝聚广大人民群众的伦理智慧和价值精神，从而引导人民努力建设社会主义现代化国家，实现中华民族的伟大复兴。社会主义义利观是形成社会主义时期人们道德正义感的源泉和合理性的集中表现，因而它不仅是道德教育所要运用的手段或方式，而且是道德教育的主要内容和所要达到的目的。社会主义道德教育就是教育我们的人民正确认识个人利益与他人利益、个人利益与社会利益的关系，进而形成社会主义义利观，而社会主义义利观恰恰也包含社会主义道德教育的这些特点和内容。它要求把国家和人民利益放在首位，其实这既是一种价值确证，也是一种教育定位，希望受教育者接受这种价值观念，形成国家人民利益高于并优于个人利益的理念或信仰，进而培养一种正义的道德观和人格。①

———————————

① 王泽应. 义利并重与义利统一：社会主义义利观研究 [M]. 长沙：湖南人民出版社，2001：454-465.

　　我国已进入中国特色社会主义新时代，仍然处于社会变革过程之中，面临着诸多挑战和机遇，需要解决各种深层次矛盾，总结既往，立足当前，洞察未来，坚持现实性和超前性相结合，从价值选择的角度对今后中国社会的基本走向作出战略性规划和展望，也是非常必要的，作为先进文化的社会主义义利观，必将对中国特色社会主义的变革发展，起到重要的导向作用。弘扬社会主义义利观，同坚持社会主义集体主义和反对资产阶级个人主义具有内在的一致性。只有旗帜鲜明地反对拜金主义和个人主义，坚持社会主义集体主义，才能真正确立起把国家和人民的利益放在首位而又充分尊重公民个人合法利益的社会主义义利观。坚持社会主义义利辩证统一观，有助于激发经济高质量发展的双重推动力，保持政治稳定和社会发展进步，全面建设社会主义主义现代化国家，实现中华民族伟大复兴。只有坚持和弘扬社会主义义利观，才能在发展社会主义市场经济的同时建设富强、民主、文明、和谐的国家和自由、平等、公正、法治的社会，实现经济与社会、人类同自然、物质文明和精神文明协调永续发展，在新的历史时期再创社会主义事业新辉煌。

▎参考文献▎

［1］中共中央马克思恩格斯列宁斯大林著作编译局. 马克思恩格斯文集（1-10 卷）［M］. 北京：人民出版社，2009.

［2］中共中央马克思恩格斯列宁斯大林著作编译局. 列宁选集：第 1~4 卷［M］. 北京：人民出版社，1995.

［3］毛泽东. 毛泽东选集：第 1~4 卷［M］. 北京：人民出版社，1991.

［4］邓小平. 邓小平文选：第 1~3 卷［M］. 北京：人民出版社，1993.

［5］江泽民. 江泽民文选：第 1~3 卷［M］. 北京：人民出版社，2006.

［6］胡锦涛. 胡锦涛文选：第 1~3 卷［M］. 北京：人民出版社，2016.

［7］习近平. 习近平新时代中国特色社会主义思想学习纲要［M］. 北京：人民出版社，2019.

［8］习近平. 习近平谈治国理政：第 1~3 卷［M］，北京：外

文出版社，2020.

[9] 范宝舟. 财富幻象的哲学批判——中国面向未来的财富观建构 [M]. 上海：上海人民出版社，2016.

[10] 葛兆光. 中国思想史 [M]. 上海：复旦大学出版社，2013.

[11] 张传开，汪传发. 义利之间——中国传统文化中的义利观之演变 [M]. 南京：南京大学出版社，1997.

[12] 吕世荣，刘象彬、肖永成. 义利观研究 [M]. 开封：河南大学出版社，2000.

[13] 王泽应. 义利观与经济伦理 [M]. 长沙：湖南人民出版社，2005.

[14] 王泽应. 义利并重与义利统一：社会主义义利观研究 [M]. 长沙：湖南人民出版社，2001.

[15] 黄亮宜. 社会主义义利观：面向 21 世纪的价值选择 [M]. 郑州：河南人民出版社，2001.

[16] 徐培华. 市场经济的义利观：市场经济与义利思想 [M]. 昆明：云南人民出版社，2008.

[17] 李培超. 义利论 [M]. 北京：中国青年出版社，2001.

[18] 张国钧. 先义与后利：中国人的义利观 [M]. 昆明：云南人民出版社，1999.

[19] 张国钧. 中华民族价值导向的选择：先秦义利论及其现代意义 [M]. 北京：中国人民大学出版社，1995.

[20] 曾誉铭. 义利之辨 [M]. 上海：上海辞书出版社，2017.

[21] 陈廷湘. 宋代理学家的义利观 [M]. 北京：团结出版

社，1999.

［22］赵璐.中国近代义利观研究［M］.北京：中国社会科学出版社，2007.

［23］魏悦.转型期中国市场经济伦理的建构：中西方义利思想演进之比较研究［M］.广州：暨南大学出版社，2013.

［24］王伟光.利益论［M］.北京：中国社会科学出版社，2010.

［25］郭齐勇.中国儒学之精神［M］.上海：复旦大学出版社，2017.

［26］秦正为.中国特色社会主义国家利益观［M］.北京：人民出版社，2013.

［27］谭培文.马克思主义的利益理论：当代历史唯物主义的重构［M］.北京：人民出版社，2013.

［28］刘湘顺.马克思利益关系理论在当代中国的发展［M］.北京：中国社会科学出版社，2011.

［29］郝云.利益理论比较研究［M］.上海：复旦大学出版社，2007.

［30］余达淮.马克思经济伦理思想研究［M］.南京：江苏人民出版社，2006.

［31］汪洁.中国传统经济伦理研究［M］.南京：江苏人民出版社，2005.

［32］唐凯麟，陈科华.中国古代经济伦理思想史［M］.北京：人民出版社，2004.

［33］万俊人.道德之维：现代经济伦理导论［M］.广州：广

东人民出版社，2000.

[34] 章海山. 经济伦理论：马克思主义经济伦理思想研究 [M]. 广州：中山大学出版社，2001.

[35] 吴兵. 马克思经济伦理思想及其当代价值 [M]. 成都：四川大学出版社，2012.

[36] 乔洪武. 正谊谋利——近代西方经济伦理思想研究 [M]. 北京：商务印书馆，2000.

[37] 乔洪武. 西方经济伦理思想研究 [M]. 北京：商务印书馆，2016.

[38] 王初根. 西方经济伦理思想新探 [M]. 南昌：江西人民出版社，2015.

[39] 张一兵. 回到马克思：经济学语境中的哲学话语 [M]. 南京：江苏人民出版社，2003.

[40] 骆祖望，陶国富. 经济伦理通论 [M]. 郑州：河南人民出版社，2009.

[41] 程恩富. 中外马克思主义经济思想简史 [M]. 北京：中国出版集团，2011.

[42] 徐强. 马克思主义经济伦理思想研究 [M]. 北京：人民出版社，2012.

[43] 王向成. 马克思主义经济哲学 [M]. 济南：山东大学出版社，2015.

[44] 孔子及其弟子. 大学·中庸 [M]. 高山译注. 北京：中国文联出版社，2016.

［45］孔子，孔子弟子. 论语［M］. 肖卫译注. 北京：中国文联出版社，2016.

［46］孟轲. 孟子［M］. 弘丰译注. 北京：中国文联出版社，2016.

［47］荀况. 荀子［M］. 骆宾译注. 北京：中国文联出版社，2016.

［48］陈书纪. 意识形态下集体主义的历史演进［M］. 武汉：湖北人民出版社，2014.

［49］张锡勤. 中国传统道德举要［M］. 哈尔滨：黑龙江大学出版社，2008.

［50］罗国杰. 中国伦理思想史［M］. 北京：中国人民大学出版社，2007.

［51］颜元. 颜元集［M］. 北京：中华书局，1987.

［52］杨伯俊. 论语译注［M］. 北京：中华书局，2006.

［53］罗国杰. 中国传统道德［M］. 北京：中国人民大学出版社，1995.

［54］王先谦. 荀子集解［M］. 北京：中华书局，2011.

［55］朱熹. 四书章句集注［M］. 北京：中华书局，2011.

［56］王杰. 先秦儒家政治思想论稿［M］. 北京：人民出版社，2010.

［57］戴震. 戴震集［M］. 上海：上海古籍出版社，2009.

［58］赵馥洁. 中国传统哲学价值论［M］. 北京：人民出版社，2009.

［59］李贽. 焚书·续焚书［M］. 北京：中华书局，2009.

［60］张岱年. 中国伦理思想研究［M］. 南京：江苏教育出版社，2009.

［61］王夫之. 尚书引义［M］. 北京：中华书局，1962.

［62］徐大建. 西方经济伦理思想史［M］. 上海：上海人民出版社，2020.

［63］杨伯峻. 孟子译注［M］. 北京：中华书局，2018.

［64］张岂之. 中国思想史［M］. 北京：高等教育出版社，2018.

［65］赵晓雷. 中国经济思想史［M］. 大连：东北财经大学出版社，2016.

［66］任继愈. 中国哲学发展史［M］. 北京：人民出版社，1983.

［67］王阳明. 传习录［M］. 肖卫译注. 沈阳：辽海出版社，2016.

［68］杨国荣. 善的历程——儒家价值体系研究［M］. 上海：上海人民出版社，2006.

［69］赵明. 先秦儒家政治哲学引论［M］. 北京：北京大学出版社，2004.

［70］杨清荣. 经济全球化下的儒家伦理［M］. 北京：中国社会科学出版社，2004.

［71］朱贻庭. 中国传统伦理思想史［M］. 上海：华东师范大学出版社，1989.

［72］廖申白，孙春晨. 伦理新视点：转型时期的伦理与道德［M］. 北京：中国社会科学出版社，1997.

［73］叶敦平、高惠珠、周中之，等. 经济伦理的嬗变与适应［M］.

上海：上海教育出版社，1997.

［74］王阳明. 传习录［M］. 上海：上海古籍出版社，1992.

［75］朱熹. 朱子全书［M］. 上海：上海古籍出版社，2002.

［76］侯外庐. 中国思想通史［M］. 北京：人民出版社，1957.

［77］李泽厚. 中国古代思想史论［M］. 合肥：安徽文艺出版社，1994.

［78］张岱年. 中国伦理思想研究［M］. 上海：上海人民出版社，1989.

［79］冯契. 中国近代哲学史［M］. 上海：上海人民出版社，1989.

［80］邵雍. 皇极经世书［M］. 郑州：中州古籍出版社，1992.

［81］周敦颐. 周元公集［M］. 北京：中国书店出版社，2018.

［82］张载. 张载集［M］. 北京：中华书局，1978.

［83］程颢，程颐. 二程集［M］. 北京：中华书局，1981.

［84］韩愈. 韩昌黎全集［M］. 北京：中华书局，1991.

［85］陆九渊. 陆九渊集［M］. 北京：中华书局，1980.

［86］董仲舒. 春秋繁露［M］. 周桂钿，译. 北京：中华书局，2011.

［87］张岱年，方克立. 中国文化概论［M］. 北京：北京师范大学，1982.

［88］康有为. 康有为全集［M］. 上海：上海古籍出版社，1990.

［89］龚自珍. 龚自珍全集［M］. 上海：上海古籍出版社，1975.

［90］李大钊. 李大钊文集［M］. 北京：人民出版社，1999.

［91］梁启超. 梁启超哲学思想论文选［M］. 北京：北京大学出版社，1984.

［92］孙中山. 孙中山选集［M］. 北京：人民出版社，1956.

后 记

  《儒家义利观逻辑演变的唯物史观阐析》是以笔者的博士论文为基础修改而成。感谢我的导师范宝舟教授的精心指导！他一丝不苟的治学态度和循循善诱的教导方式给予我无尽的启迪。本专著是赣南师范大学博士科研启动基金项目"儒家义利观的逻辑演变及其现代性转化研究"（编号：BSJJ202201）阶段性成果。

作　者

2022 年 9 月 8 日